JN005763

車両の見分け方がわかる！

関東の鉄道車両図鑑①

JR／群馬・栃木・茨城・埼玉・千葉・神奈川・伊豆の中小私鉄

来住憲司 著

創元社

はじめに

多彩な中小私鉄とJR特急の魅力　関東郊外編

　関東地方は、世界でもまれに見るほど鉄道網が発達した地域で、鉄道会社の数もきわめて多いため、多種多様の鉄道車両を見ることができます。レールファンにとってはこの上ない環境ですが、一方であまりに車両の種類が多く、すべてを把握するのは並大抵のことではありません。そこで本書では、現在、関東地方で見られる現役車両を2巻立てでまとめてみました。

　第1巻では、関東地方（東京・神奈川・千葉・埼玉・群馬・栃木・茨城および伊豆地方）で見られるJR各社と中小私鉄・公営鉄道の営業用車両（貨車を除く）を取り上げています（大手私鉄と東京都内の中小私鉄および大手私鉄と直通運転を行い、それらの支線に準ずる路線〔野岩鉄道、会津鉄道、埼玉高速鉄道、北総鉄道、千葉ニュータウン鉄道、芝山鉄道、東葉高速鉄道、横浜高速鉄道〕の車両は第2巻に収録しています）。

　なかでもJRの存在は圧倒的です。たとえば東京駅には、山陽・九州新幹線専用車両以外のすべての新幹線やJRグループ最後の寝台特急が発着しますし、関東全域に目を転じれば、JR東日本のほとんどの在来線特急を見ることができます。

　また、JR東日本所有の蒸気機関車のうち、2形式が高崎を拠点としています。さらに、JR東日本を代表する豪華列車も東京が拠点です。

　他方、関東の中小私鉄は、ユニークな車両の宝庫といえます。東京近郊というと、都会的なイメージを抱きがちですが、じつは第三セクター以外で見ると、関東は非電化私鉄のメッカです。また、かつて大手私鉄で働いていた電車が、中小私鉄で第二の人生を歩んでいるケースも少なくありません。

　かと思えば、大手私鉄と比べても遜色のない車両が快走する電化路線もありますし、モノレールや新交通システム（AGT）、観光用ケーブルカー（鋼索鉄道）もあれば、蒸気機関車も走らせています。本書では、こうした車両も余さず取り上げています。

　さて、車両の分類は一般に車両形式（記号・番号）によります。本書でも大部分は車両形式による分類に従っていますが、同時に「見た目」を重視した分類を採用しています。このため、同じ形式であっても、形状や塗装が異なる場合は、できるかぎり個別に取り上げて紹介しています（基本的には前頭部形状に着目し、側面窓配置や窓形状の違いを厳密に区別していないケースもあります）。

　なお、塗装のバリエーションは可能なかぎり収録しましたが、広告やイベントのラッピングを網羅するのは難しく、一部追い切れていないものもあると思います。ご容赦願います。

来住憲司

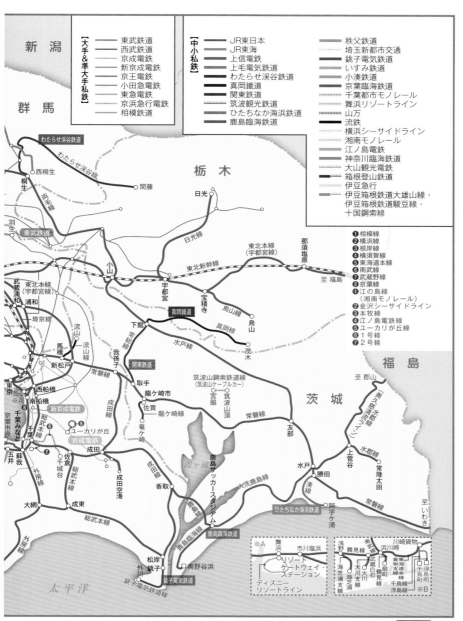

【大手＆準大手私鉄】
東武鉄道
西武鉄道
京成電鉄
新京成電鉄
京王電鉄
小田急電鉄
東急電鉄
京浜急行電鉄
相模鉄道

【中小私鉄】
JR東日本
JR東海
上信電鉄
上毛電気鉄道
わたらせ渓谷鉄道
真岡鐵道
関東鉄道
筑波観光鉄道
ひたちなか海浜鉄道
鹿島臨海鉄道

秩父鉄道
埼玉新都市交通
銚子電気鉄道
いすみ鉄道
小湊鉄道
京葉臨海鉄道
千葉都市モノレール
舞浜リゾートライン
山万
流鉄
横浜シーサイドライン
湘南モノレール
江ノ島電鉄
神奈川臨海鉄道
大山観光電鉄
箱根登山鉄道
伊豆急行
伊豆箱根鉄道大雄山線・
伊豆箱根鉄道駿豆線・
十国鋼索線

❶相模線
❷横浜線
❸根岸線
❹横須賀線
❺東海道本線
❻南武線
❼武蔵野線
❽京葉線
❶江の島線
　（湘南モノレール）
❷金沢シーサイドライン
❸本牧線
❹江ノ島電鉄線
❺ユーカリが丘線
❶１号線
❷２号線

005

単行で走る元国鉄キハ20のキハ205

もくじ

● 本書記載のデータについて

　本書では、おおむね2021年4月1日（一部3月31日付）現在の会社データ、保有車両を記載しています。ただし、それ以降に導入された新規車両や改造車両についても、可能なかぎり最新の情報を掲載するようにしました。

● 車両諸元データについて

(1)　原則として、車体寸法は突起部等を含む最大寸法を採っているが、参考文献により手すり等を含まないケースもある。なお車長は、連結器を含む場合は最大長、連結器を含まない場合は車体長と記載した。

(2)　台車はボルスタレス台車の場合、冒頭にボルスタレスと記し、軸箱支持方式枕ばね種別の順に記した。

(3)　主電動機出力は、電動機1台の出力である。気動車の出力は、機関1台の出力、登場時期によりPS表記とkW表記がある。

(4)　製造所略号は以下のとおり。車両メーカーについてはコラムを参照されたい。

JT横浜＝総合車両製作所横浜事業所
東急＝東急車輛製造
JT新津＝総合車両製作所新津事業所
JR東日本新津＝JR東日本新津車両製作所
川重＝川崎重工業
川車＝川崎車輛・川崎車両
汽車＝汽車製造
近車＝近畿車輛
日車＝日本車輌製造
日立＝日立製作所

高崎車両センター高崎支所を基地として動態保存されているD51 498

JR東日本（東日本旅客鉄道）

本社所在地：東京都渋谷区代々木
　2-2-2
設立：1987（昭和62）年4月1日
線路諸元：軌間1067・1435mm／直流
　1500V、交流20000・25000V

路線：70線区、7401.7km（第1種鉄道事
　業69線区、7393.0km／第2種鉄道事業
　1線区、8.7km）
車両基地：41ヵ所
車両数：12770両

● 会社概要

　JR東日本（東日本旅客鉄道）は、日本国有鉄道（国鉄）再建のため地域別に六分割された旅客鉄道会社のひとつ。東北・関東・甲信越地方の在来線と東北・上越・北陸（上越妙高以南）新幹線を管轄し、各エリアの通勤・通学輸送と新幹線・在来線特急による都市間輸送を担う。人口集中が著しい首都圏を抱える同社の輸送人員・輸送人キロは圧倒的で、前者は6億5000万人、後者は1375億を超え（2019年）、世界最大級の規模を誇る。

　発足時は、全株を政府が保有する特殊会社だったが、のちに政府が保有する株を民間に放出し上場、現在は純民間会社となっている。

　国鉄の貨物営業は、JR貨物（日本貨物鉄道）が全国一括で継承し、基本的に旅客鉄道会社の線路を貸借し、第3種鉄道として営業を行っている。ほとんど貨物列車しか走らない浜川崎〜東京貨物ターミナル間や、横浜羽沢〜東戸塚間などのような区間も、じつはJR東日本の所有だ。こうした貨物主体の線路は旅客線としても活用されている。たとえば国鉄時代は貨物列車主体で「東北貨物線」と呼ばれていた東北本線・田端〜大宮間の複線を旅客線として運用し、湘南新宿ラインを実現

している。

　2014年度のデータによると、JRは首都圏内公共交通旅客輸送人員の約35％、鉄道輸送の約38％を担っており（『数字でみる鉄道2020』）、この大半がJR東日本の実績である。すなわち首都圏旅客輸送の主力交通機関はJR東日本であると言える。

　JR旅客各社との境界は以下のとおり。JR北海道とは、新幹線は新青森で、在来線は津軽線中小国で接続する。JR西日本との境界駅は、北陸新幹線上越妙高・大糸線南小谷。JR東海との境界駅は、国府津（御殿場線）・熱海（東海道本線）・甲府（身延線）・辰野（飯田線）・塩尻（中央本線）となっている。

　日本の鉄道創業時の営業区間である新橋〜横浜（現・桜木町）間は、現在、JR東日本の運行区間の一部だ。当時の政府には、幹線鉄道は国による建設運営が望ましいという考え方はあったが、財政的余裕がなかったため、民間資本による幹線鉄道建設を認め、東海道本線以外の東京周辺の幹線鉄道は、私鉄によって開業した。東北本線・高崎線・常磐線等は日本鉄道、中央本線は甲武鉄道、総武本線は総武鉄道が建設した路線で、1906年に公布された鉄

道国有法により国が買収し、帝国鉄道庁（当時）の運営となった。

その後も横浜線のように私鉄の国有化が行われ、とくに太平洋戦争中には戦争継続に重要な路線と見なされた、鶴見臨港鉄道・青梅電気鉄道・南武鉄道・相模鉄道の一部が戦時買収され、現在のJR東日本の鉄道網の骨格が構成されたといえる。戦後も国鉄や鉄道公団による新線建設が行われた。鉄道公団建設の新線というと地方の赤字ローカル線のイメージがあるが、首都

わが国における鉄道発祥の地、旧新橋停車場にある０哩標識

圏では、根岸線・武蔵野線・京葉線のように首都圏の鉄道網形成に貢献する路線を建設している。

● 線区概要（在来線）

鉄道路線は、国土交通省に許認可を受けている正式線名と利用者向けの案内等に使う名称が異なっていることが珍しくない。運転系統と許認可上の区間が一致しないケースも全国各地にあり、運転系統を線名のように案内する例も多い。

首都圏のJR東日本では、線名ではない運転系統を案内に使用する例が多く、とくに「赤羽線」は正式線名がほとんど使われず、「埼京線」という運転系統の愛称が一般化している。ここまで運転系統の愛称・俗称が数多く一般化する例は、全国的に見ると多くなく、線路網が発展している首都圏の特徴だろう。そこで、首都圏の主要な線名とともに、利用者が一般的に使う通称やレールファンの使う通称を簡単に紹介する。

まず「緩行線」という通称は、JR東日本社内やレールファンが使用することが多く、利用者向けの案内では「各駅停車」と呼ぶのが一般的だ。また、最近は目や耳にする頻度が落ちている印象があるが「中電（＝中距離電車）」という通称も、もっぱらJR東日本社内やレールファンが使う。東海道本線・東北本線では大宮〜横浜間の各駅停車には、京浜東北線や山手線という別称があるので、東海道本線の普通電車が東京〜横浜間に通過駅があって混乱は生じにくい。

一方、常磐線北千住〜取手では、全駅に停車する各駅停車と主要駅のみ停車の常磐線快速と、快速と同じ停車駅の常磐線普通電車があるため、取手より遠方に向かう電車を常磐線中電と呼んで区別する。現在の中央本線は、高

特急が走る中央快速線と地下鉄直通電車が走る中央緩行線（高円寺）

尾以西に直通する列車は高尾まで「快速」として運転されているが、以前は主要駅しか停車しない新宿発の普通列車が存在しており、中央本線普通列車とか中央線中電と呼んで区別した。

「中電」という呼称はこのような経緯で登場したが、レールファンの間では、通勤形電車を使用する各駅停車よりも長い距離を走る近郊電車と解釈し、大船以東に行く東海道本線の普通電車や大宮以北に行く高崎・東北線の普通電車なども中電と呼ぶことがある。

(1) **山手線**　正式線名の山手線は、品川と田端を新宿・池袋経由で結ぶ区間だが、一般的には正式な区間に品川～東京間（東海道本線の一部）と東京～田端間（東北本線の一部）を合わせ、環状運転を行う運転系統を山手線と呼ぶ。全区間に専用の複線が用意され、全列車

が各駅停車で運転される。なお、駒込～池袋間で新宿湘南ラインが走る複線は山手貨物線という俗称もあるが、正式には山手線の一部。池袋～大崎で埼京線や湘南新宿ラインが走る複線も同様だ。

(2) **京浜東北線**　東海道本線電車線（緩行線）として登場した東京～横浜間の京浜線が、東京から徐々に延伸された東北本線電車線に直通運転するようになり、京浜東北線という通称が定着した。1960年代まで、独立した複線である東北本線電車線は赤羽以南であり、赤羽～大宮間は特急・急行・中電と同じ線路を共用していた。国鉄時代は、平日デイタイムの田端～田町間で山手線と同じ線路を使用し、休止する線路の保線作業を行っていたが、平日デイタイムの同区間

で京浜東北線が快速運転を行うようになったため、デイタイムの共用は廃止された。

(3) **中央快速線**　本来は中央本線の複々線区間（お茶の水〜三鷹間）において快速電車が使用する複線を指し、中央急行線（中央快速線）という通称が使われたが、東京〜三鷹間で快速運転を行う東京〜高尾間列車を特別快速等も含め、中央快速線（中央線快速）と呼ぶことも多い。

(4) **中央・総武緩行線**　中央本線と総武本線の複々線区間において各駅停車で運転される普通列車。以前は、早朝にお茶の水で総武緩行線に接続し、お茶の水〜三鷹間を緩行線経由となる中央快速線電車があったが、現在は終日、両線の緩行電車が直通運転する。

(5) **横須賀・総武快速線**　大船〜東京間を東海道本線に乗り入れていた横須賀線は、東海道貨物線の旅客線化と東京〜品川間の地下線新設によって東海道本線中距離電車との分離運転を実現した。横須賀線電車が東京〜大船間で走る線路は、正式には東海道本線だが、横須賀線と呼ぶのが一般的だ。さらに横須賀線は東京駅地下ホームで接続する総武快速線と直通運転を行うため、横須賀・総武快速線と総称されることも少なくない。

(6) **埼京線**　大崎〜大宮間を板橋・武蔵浦和経由で結ぶ埼京線は、山手線（大崎〜池袋間）・赤羽線（池袋〜赤羽間）・東北本線（赤羽〜武蔵浦和〜大宮間）で構成される運転系統の通称。東北新幹線の沿線対策として建設された「通勤別線」が赤羽線に直通運転することになり、両線の総称として誕生。山手貨物線に旅客ホームを新設し、埼京線が直通することになった。

(7) **新宿湘南ライン**　高崎線・東北本線の中距離電車と、横須賀線・東海道本線の中距離電車をスルー運転させるために使用する東北貨物線・山手貨物線経由のルート。

(8) **上野東京ライン**　東北新幹線東京延伸工事のために休止された東京〜上野間回送線を複線化して復活させたルート。東北本線の一部であり、1972年までは上野発着の東北・上信越方面の特急の一部をこのルートで東京駅発着としたことがあるので、本来なら新たな名称は不要だが、高崎線・東北本線中距離電車と東海道本線中距離電車をスルー運転としたことをアピールするために愛称が付けられた。

(9) **東海道本線**　国鉄時代は東京〜神戸間の路線だったが、JR東日本が継承した区間は東京〜熱海間。熱海〜米原間はJR東海が継承した。横浜・川崎付近には複数の貨物支線が所属する。鶴見〜小田原間には貨物線が、品川・大崎〜大船間には横須賀線用の複線が並行する。

東北本線東京〜上野間は、通称名である山手線・京浜東北線・上野東京ラインと呼ばれることが多い（東北本線・秋葉原）

伊豆方面への観光需要と神奈川県下の通勤需要に応えるため、昼行

東北本線王子〜大宮間は、東北貨物線・東北本線・京浜東北線の３複線で形成されている（東北本線・東十条）

特急や通勤需要に応えるため、伊豆方面への特急や東京・新宿〜小田原間の通勤特急も設定されている。

(10) **東北本線**　以前は、東京〜青森間の路線だったが、東北新幹線の延長に伴って盛岡以北が第三セクターに経営移管された。JR化後、東京〜黒磯間に「宇都宮線」の愛称が付けられた。また、大宮〜田端間は、新宿湘南ラインも使用する複線が並行する。日光方面への観光特急は、東武鉄道直通のみが残る。また、朝晩の東北本線中電には快速ラビットが設定されている。

(11) **高崎線**　東京と京都を結ぶ幹線鉄道を中山道経由で結ぶ予定に沿って、日本鉄道により建設された路線。中山道幹線計画は頓挫（とんざ）したため、東北本線が重視されるように

なり、高崎線は大宮分岐する支線となった。首都圏と新潟や長野を結ぶ幹線の一部となったが、新幹線開通で首都圏内輸送が主要な任務となった。観光需要やビジネス利用に応える昼行特急も走るほか、快速アーバンも設定されている。

● 車両概要

JR東日本が誕生して30年以上経ち、103系・113系・165系・183系など、国鉄時代には首都圏の各地で見られ、JR東日本が継承した車両の多くはすでに淘汰された。この結果、省エネ効果のある回生ブレーキを装備した電車が主力になった。電力消費が多く、保守作業に手間がかかる直流電動機を抵抗制御で駆動する車両は少数派になり、保守が軽減される交流電動機を使用するVVVFインバータ制御電車が主流となっている。

国鉄では、通勤形は4扉ロングシート、近郊形は3扉セミクロスシートを標準としていたが、E231系から通勤形と近郊形が同一形式に統合され、ステンレス車体4扉ロングシートが首都圏の一般形電車の基本となった。

また国鉄時代の首都圏では、東海道本線と横須賀線・総武快速線に限られていた近郊形のグリーン車の連結を東北・高崎線や常磐線にも拡大、さらに中央線快速への連結準備も進めている。なお、平屋グリーン車を廃し、現在はすべて2階建てグリーン車となっている。

E231系・E233系の近郊タイプでは、普通車は一部にセミクロスシート車を残していたが、E235系では近郊タイプも全車ロングシートとなった。

JR化後すぐに登場した特急形電車は、国鉄時代と同様、普通鋼車体が基本だったが、現在ではダブルスキン構造のアルミ車体が主流となった。

また、ディーゼルカーの走行装置も進化しており、JR時代初期は国鉄同様、液体式だったが、現在では電気式や電気式に蓄電池を併用するハイブリット式もある。さらに、短距離の非電化区間には、蓄電池を電源とするハイブリット式電車も登場した。

なお、地上設備の監視はこれまで電気・軌道総合検測車E491系「East i」、キヤE193系「East i-D」が担っていたが、監視頻度を上げるため、営業列車でも行えるように「線路設備モニタリング装置」を開発、首都圏を中心に搭載車両を増やし、保守作業の効率化と安全性を向上させている。さらに「架線状態監視装置」の開発も進めている。

普通列車の2階建てグリーン車が見られるのもJR東日本の首都圏の特徴。国鉄から継承した113系や211系のグリーン車にも投入された（東海道本線・東京）

JR東海（東海旅客鉄道）

本社所在地：名古屋市中村区名駅
　　　　　1-1-4
設立：1987（昭和62）年4月1日
線路諸元：軌間1067・1435mm／直流

1500V、交流25000V
路線：13線区、1970.8km（第1種鉄道事業）
車両基地：7ヵ所
車両数：4828両（2020年3月31日現在）

●会社概要

　国鉄分割時、旅客鉄道会社として、おおむね静岡・愛知・岐阜・三重各県の在来線と東海道新幹線全線を国鉄から承継。発足時は、全株を政府が保有する特殊会社だったが、全株を放出して今は純民間会社となっている。

　静岡県内であっても伊東線はJR東日本に所属するが、JR東海に所属する御殿場線は神奈川県内にも駅がある。さらに、伊豆地方の東海道本線もJR東海に所属する。

　JR発足当初は、JR東海所属113系の伊東線運用などもあったが、今はJR東海の在来線車両が関東地方のJR東日本に乗り入れる運用は「サンライズ瀬戸/出雲」のみになった。一方、JR東日本の在来線車両のJR東海乗り入れは続いており、2階建てグリーン車を連結した東海道本線中電の沼津直通は減少しながらも続いている。

　名鉄と競合する名古屋近郊では、転換クロスシート車を中心にクロスシート車が主体だが、御殿場線や熱海に乗入れる車両は、オールロングシート車か固定クロスシートのセミクロスシート車となっている。

　東海道新幹線では、毎年のように新製車による置き換えが行われ、数年おきに「のぞみ」用新型車が開発され、旧世代の車両を置換している。

JR東海が開発し、すでに引退した初代「のぞみ」用車両300系（東海道新幹線・浜松）

JR西日本（西日本旅客鉄道）

本社所在地：大阪市北区芝田 2 - 4 -24
設立：1987（昭和62）年 4 月 1 日
線路諸元：軌間1067・1435㎜／直流
　1500V、交流20000・25000V
路線：52線区、4903.1㎞（第 1 種鉄道事

業49線区、4865.1㎞／第 2 種鉄道事業
　3 線区、38.0㎞）
車両基地：30ヵ所
車両数：6503両

●会社概要

　国鉄分割時、おおむね富山・滋賀・奈良・和歌山以西の本州西部の在来線と山陽新幹線全線を国鉄から承継。発足時は、全株を政府が保有する特殊会社だったが、全株を放出し今は純民間会社となっている。

　JR西日本とJR東日本の直接の接続は関東地方ではないが、東海道新幹線や北陸新幹線で直通運転が行われ、JR西日本の新幹線車両を関東地方でも見ることができる。在来線では、JR西日本の車両を使用する急行・特急が、東京や上野まで直通運転を行っていたが、今は夜行特急「サンライズ瀬戸/出雲」1 往復が東京まで直通するのみになった。

JR北海道（北海道旅客鉄道）

本社所在地：札幌市中央区北11条西
　15- 1 - 1
設立：1987（昭和62）年 4 月 1 日
線路諸元：軌間1067・1435㎜／交流

20000・25000V
路線：14線区、2372.3㎞（第 1 種鉄道事業）
車両基地／車両数： 8 ヵ所／991両
車両数：878両（2020年 6 月 1 日現在）

●会社概要

　国鉄分割時、北海道の国鉄各線と青函航路を承継。株式会社であるが、全株を政府が保有し、国土交通大臣が監督する特殊会社である。

　国鉄時代は、北海道に配置された旅客車両を関東地方で見ることはなかったが、JR化されたのちに青函トンネルが開業し、上野と札幌を直通する寝台特急が誕生すると、JR北海道の車両を関東でも見られるようになった。寝台特急は廃止されたが、新幹線開業

によって、JR北海道所属の新幹線車両が東京まで運転されるようになった。

以前は「北斗星」の寝台車の一部がJR北海道所属だった（東北本線・大宮）

JR貨物（日本貨物鉄道）

本社所在地：東京都渋谷区千駄ヶ谷
5 -33- 8

設立：1987（昭和62）年4月1日

線路諸元：軌間1067mm／直流1500V、交
流20000V

路線：75線区、7954.6km（第1種鉄道事
業8線区、35.3km／第2種鉄道事業67
線区、7919.3km）

車両基地：13ヵ所（機関車配置）

車両数：7801両

● 会社概要

　国鉄分割時、貨物部門を承継した貨物鉄道事業者。株式会社だが、全株を政府が保有し、国土交通大臣が監督する特殊会社だ。全国の臨海鉄道への国鉄出資を受け継いだほか、貨物鉄道関連企業を傘下として、JR貨物グループを形成している。

　大半の営業線区は、JR東日本などJRグループの旅客鉄道会社や整備新幹線の並行在来線として第三セクター化された区間（第一種鉄道事業者が保有する区間）を第二種鉄道事業者として貨物営業を行う。ごく一部に第一種鉄道事業者として施設を保有する区間もあるが、首都圏には第一種区間はな

い。浜川崎〜東京貨物ターミナル間など、基本的に貨物列車のみが運転されている区間も、JR東日本が第一種鉄道事業者として認可された区間だ。

　営業エリアは、北は旭川から南は鹿児島まで全国に広がるが、物流の中心は首都圏であるため、首都圏と各地を結ぶコンテナ列車が主力となっている。またタンク車を連ねて石油類を内陸部に輸送する石油輸送列車も、大半が首都圏発着だ。運転頻度は高くないが、鉄道車両をメーカーなどから各鉄道事業に運搬する甲種鉄道車両輸送列車が、ほかの地方よりも多く見られることも特徴といえる。

● 車両概要

しなの鉄道坂城駅に到着した石油輸送列車（しなの鉄道・坂城）

　さまざまな物資の輸送を行う貨物列車では、それぞれの貨物に適応した貨車を使用していたが、このような鉄道貨物輸送は、すでに過去の姿になりつつある。JR貨物では、タンク車を使用する石油輸送の貨物列車やホッパ車を使用するセメント輸送、フライアッシュ輸送がわずかに残る程度

で、これらの貨車は基本的に私有貨車を用いる。

　鉄道で輸送される大半の貨物は、JR貨物の保有するコンテナや運送会社のコンテナ、荷主の保有するコンテナに搭載され、JR貨物が保有するコンテナ車を使用したコンテナ貨物列車で輸送される。コンテナと言っても、一般的によく見かける箱形だけではない。液体を運搬するタンクコンテナや屋根がない無蓋コンテナなどもある。さらにエンジン駆動の冷凍機を内蔵した冷凍コンテナなどもある。

　特殊な貨物として人気があるのは「鉄道車両」。各鉄道会社の新車をメーカーから最寄り駅まで移動される列車は「甲種鉄道車両輸送」と呼ばれる貨物列車の一種だ。むろん、新車とは限らず、他社に譲渡するケースなどもある。現在は廃止されたが、国鉄時代には「乙種鉄道車両輸送」という貨物輸送もあり、こちらは小型鉄道車両を無蓋車や大物車という種別の貨車に積んで運んだ。

　鉄道車両以外では、大物車で発電所の大型変圧器などを輸送する特大貨物輸送も注目を集めるが、輸送の頻度が少なく、未明や深夜の運転も少なくないため、遭遇のチャンスは多くない。

　これらの貨物列車を牽引する機関車がJR貨物の主役。JR貨物発足時に関東地方で見ることができた同社の機関車は、EF64・EF65・EF66・ED75・DD51・DE10・DE11だった。国鉄から承継した機関車はかなり置き換えが進み、新型車も登場してい

るが形式数だけ比べると見られなくなった形式は意外と少なく、EF64・ED75・DD51のみだ。

　JR貨物の発足当初は好景気であったため、機関車の増備が求められたが、新型機の開発を行う余裕がなく、国鉄型が増備された。その後、将来の列車単位の拡大に対応したVVVFインバータ制御の直流機EF200・交直両用機EF500が開発されたが、必要な性能の見直しが行われ、EF210・EF510・EH200・EH500・DD200・HD300とコンテナ電車M250系が新たに登場した。EF500は試作機のみで終わり、EF200は必要な性能に対して過剰性能であったため、すでに引退している。さらにEF510は関東地方では運用されていない。

　また、JR発足からしばらくの間は、旅客会社に貨物列車牽引を委託する例が少なくなかった。

　なお、JR貨物が開発した交直流機関車EF510を、JR東日本が寝台特急「北斗星」「カシオペア」用に新製投入したが、両特急の廃止に伴いJR貨物が購入し、日本海縦貫線に投入したため、関東地方では走らなくなった。

日立製作所水戸事業所で保存されているEF200-901

鉄道車両メーカーの系譜1

　自動車を製造する会社が、国内だけでもトヨタ・ホンダ・日産・マツダなど複数あるように、鉄道車両も国内に複数のメーカーがある。以前は、総合重工メーカーに鉄道車両を担当する事業部が置かれる例が少なくなかったが、今もそうした事業形態をとるのは日立製作所のみだ。富士重工業は鉄道車両製造から撤退したし、三菱重工業や川崎重工業の場合、車両製造部門が分社化してグループ内の独立企業になった。鉄道事業者が設立に直接関わったケースもあるが、これは戦後目立つようになった形態だ。

　総合重工業メーカーの鉄道車両部門は、造船部門の多角化の一環で鉄道車両に参入した例が多いが、鉄道車両製造をメインとして起業したメーカーも多数ある。鉄道企業出身の技術者が創立に関わったケースが多く、いわば独立系メーカーといえる。こうした独立系のメーカーは、ほとんどの場合、大手重工メーカーや鉄道事業者系のメーカーに買収されるなどして姿を消した。生き残ったメーカーも鉄道事業者の傘下に入り、独立系メーカーは消滅してしまった。

　以前は、関東地方にも鉄道車両メーカーの工場が多数あったが、日立製作所が水戸工場での車両製造をやめ、富士重工業も鉄道車両製造から撤退したため、関東で本格的に鉄道車両を製造するメーカーは総合車両製作所のみとなった。

　このように、ひと口に鉄道車両メーカーといってもその背景はさまざまで、事業見直しによって体制が変わったり、社名を変更したりしていることもあって、それぞれの系譜や傾向がつかみにくいかもしれない。そこで、ごく簡単ではあるが、以下に各メーカーの沿革をまとめてみる。

●**アルナ車両**

　鉄道車両整備と路面電車製造を主力事業とする、阪急電鉄の子会社。大阪府摂津市の阪急電鉄正雀工場内に本社・工場を置く。

　1947年、京阪神急行電鉄（現・阪急電鉄）が戦災車両の修復を目的にナニワ車両を設立し、48年から車輌製造を開始した。阪急電鉄以外では、東武鉄道・大阪市営地下鉄などの電車や、各地の路面電車の新造を担い、加えて鉄道車両用アルミサッシ・扉といった鉄道車両用品も製造し、この分野では高い国内シェアを誇った。さらに住宅建材や自動車バンボディなどにも進出し、75年に社名をアルナ工機に変更。その後、業績悪化などで事業譲渡や分社化を行い、鉄道車両事業は2001年設立のアルナ車両が引き継いだ。路面電車製造の実績が豊富で、現在は独自に開発した超低床電車が主力商品となっている。

アルナ工機時代は東武鉄道や都営地下鉄にも納入していたが、現在主力の超低床電車はまだ首都圏に登場していない

新幹線
東北・上越・北陸・東海道

秋田新幹線「こまち」用E6系

東北・上越・北陸新幹線

● 路線概要

　1970（昭和45）年に全国新幹線鉄道整備法が公布され、東北新幹線東京〜盛岡間、上越新幹線が着工された。東北新幹線は82年6月、上越新幹線は82年11月に大宮以北が開業し、85年には上野〜大宮間も開業した。

　87年に国鉄がJRとして分割されると、両新幹線はJR東日本の所属となり、91（平成3）年6月20日に東京〜上野間が開業し、国鉄時代に着工された新幹線はすべて完成した。

　その一方、整備新幹線として建設の目処が立たない区間の在来線を、標準軌に改軌して新幹線と直通運転する構想がJR化後に具体化し、92年に山形新幹線福島〜山形間（99年に新庄延長）、97年に秋田新幹線盛岡〜秋田間が開業した。

　以降の新幹線は国の責任で建設され、JRは線路使用料を負担して運行のみを担うという形が整えられ、新規区間が着工された。北陸新幹線は、97年に高崎〜長野間が「長野行新幹線」として開業、2015年に金沢まで延伸され北陸新幹線となった。

　一方、東北新幹線は2002年に八戸まで、10年に新青森まで全通した。さらに16年には北海道新幹線新青森〜新函館北斗が開業した。

● 車両概要

　東北・上越新幹線開業時に開発された200系は、1980〜91年に新製され、2013年に全車廃車された。90年には、山形新幹線直通用として車体サイズを在来線に準拠させた400系が登場し、95年まで製造されたが、E3系に置換されて2010年に廃車された。直流電動機をサイリスタ位相制御する方式の車両はこの2形式までで、その後に登場した車両は三相誘導交流電動機をVVVFインバータ制御する方式となった。

　94年には、新幹線通勤の一般化などへの対応として、新幹線車両で初めて全車2階建てとしたE1系12連6編成が登場。当初は、東北新幹線でも使用されていたが、のちに上越新幹線専用となり、2012年に廃車された。97年には、8両編成として使い勝手を向上したE4系が東北新幹線に投入されたが、最高速度の高い列車が増えると活躍の場が狭まり、上越新幹線専用となったのち、21（令和3）年10月1日限りで定期列車から引退した。

　一方、JR東日本の新幹線主力車両として、最高速度を重視して開発されたのがE2系。のちに登場するE5系、E7系もこの系譜に連なる。また400系の後継車として登場したミニ新幹線直通車両には、E3系、E6系の2形式が登場している。

▼ JR東日本 E2系1000番台

E2系1000番台（東北新幹線・小山）

 諸元

最大長：先頭車25700mm、中間車25000mm／最大幅：3380mm／最大高：3700mm／車体：アルミ車体／制御方式：VVVFインバータ制御／主電動機出力：300kW／制動方式：回生ブレーキ併用電気指令式空気ブレーキ／台車：ボルスタレス支持板式軸箱支持空気ばね台車／座席：回転式リクライニングシート／製造初年：2002年／製造所：東急車輌、川重、日立、日車

　JR東日本の新幹線主力車両として、北陸新幹線長野開業備えて95年に８両編成の先行量産車が登場。

　97年３月の秋田新幹線開業の際には、東京～盛岡間で秋田新幹線用E３系と併結する10両編成が営業運転を開始し、同年９月には８両編成が東京～長野間に投入された。

　先頭車以外はすべて電動車で、E１系に引き続き、VVVFインバータ制御、ボルスタレス台車を採用した。

　E２系とE３系は、営業最高速度275km／hが可能な性能で設計されており、宇都宮～盛岡間は投入当初からで275km／h運転を行っている。

　一方、地上設備等の都合により、北陸新幹線での最高速度は260km／h、上越新幹線での最高速度は240km／hとされている。

　01年登場の1000番台から側窓が大窓となるとともに、シングルアームパンタ化された。

　E５系・E７系の登場でE２系の淘汰が進み、現在残っているのは1000番台の一部のみ。

東北新幹線増結用に使用されるE3系0番台（東北新幹線・小山）

諸元

（2000番台）車体長：先頭車22885㎜、中間車20000㎜／最大幅2945㎜／最大高：
4080㎜／車体：アルミ車体／制御方式：VVVFインバータ制御／主電動機出力：300kW
／制動方式：回生ブレーキ併用電気指令式空気ブレーキ／台車：ボルスタレス支持板
式軸箱支持空気ばね台車／座席：回転式リクライニングシート／製造初年：2008年／
製造所：川重、JT横浜

　E3系は、山形新幹線に次ぐミニ新幹線として、秋田新幹線「こまち」用に開発された。在来線サイズの車体だが、最高速度は東北新幹線内で275km／h、在来線区間は130km／hの設定。

　99年に山形新幹線新庄延長用として、塗装が変更された1000番台が登場。08年には、山形新幹線開業時に投入された400系の置換用として、前灯回りの形状を変更した2000番台が登場した。1000番台までは、自由席と指定席でシートピッチが異なったが、2000番台では統一された。なお、14年から塗装の変更が始まり、16年に全編成が新塗装になった。

　すでに「こまち」はE6系に置き換えられ、車齢の若い0番台は足湯を備えた観光列車「それいゆ」や「現美新幹線」に改造され700番台となった（現美新幹線は20年に運行終了）。

　現在、新型車E8系による置換えが検討されており、22年にE8系第一陣が登場する。24年春から置き換えを開始し、2年間で完了する予定だ。

　また、E8系は、東北新幹線ではE5／H5系と併結し、最高速度300km/hとなる予定である。

山形新幹線延伸用に登場したE3系1000番台（東北新幹線・小山）

山形新幹線400系置換用に登場したE3系2000番台。ヘッドライト
周りの形状が異なる（東北新幹線・小山）

山形新幹線内の運用が多いが、上野発着のツアー列車にも使用さ
れる「それいゆ」

上越新幹線専用となったことから帯色を朱鷺色としたE4系（上越新幹線・熊谷）

諸元

最大長：先頭車25700㎜、中間車25000㎜／最大幅：3380㎜／最大高：44850㎜車体：アルミ車体／制御方式：VVVFインバータ制御／主電動機出力：420kW／制動方式：回生ブレーキ併用電気指令式空気ブレーキ／台車：ボルスタレス支持板式軸箱支持空気ばね台車／座席：回転式リクライニングシート／製造初年：1997年／製造所：川重、日立

　全2階建て車両E1系の後継形式として97年に投入。10両編成だったため使い勝手が悪かったE1系の経験から8両編成となった。このため、2編成併結の16両編成での運用や、「つばさ」と併結する「やまびこ」として運用が可能となった。全2階建て編成の輸送能力の大きさを活かした運用が行われたが、E2系が増えると最高速度240km /hという性能が東北新幹線のダイヤ編成上のネックになり、上越新幹線用となった。

　2014年春より、廃車となったE1系のリニューアル塗装をベースとした塗装に変更され、ライン色を朱鷺色に変更した。

　2020年度末までにE7系で置き換える予定だったが、2019年の台風被害でE7系の大量廃車が発生したため置換計画が遅延し、21年10月1日を最後に定期運用から引退した。

　初代全2階建て新幹線E1系は鋼製車体だったが、本系列ではアルミ車体に変更された。また、車内販売でワゴンを使用するため、各デッキ部にはワゴン用のリフトが設置された。

　長野行新幹線（当時）の開業に対応し、一部編成は軽井沢や長野乗り入れ可能な仕様だった。

▼ JR東日本 E5系／JR北海道 H5系

東北新幹線の主力になったJR東日本E5系。側窓下の細帯は「はやてピンク」（東北新幹線・小山）

諸元 （E5系量産車）車体長：先頭車26250mm、中間車24500mm／最大幅：3350mm／最大高：3650mm／車体：ダブルスキン構造アルミ車体／制御方式：VVVFインバータ制御／主電動機出力：300kW／制動方式：回生ブレーキ併用電気指令式空気ブレーキ／台車：ボルスタレス支持板式軸箱支持空気ばね台車／座席：回転式リクライニングシート／製造初年：2010年／製造所：川重、日立

　E5系は、E2系に代わる東北新幹線の次期主力車両として開発された。

　先頭形状変更や車体断面の縮小などの対策で最高速度は320km/hに向上した。また、空気ばね利用の車体傾斜システムを搭載することで、R=4000mの曲線を320km/hで通過可能となった。さらに、北海道新幹線直通が決定すると、青函トンネルの連続下り勾配に対応するため、抑速ブレーキを搭載した。

　グリーン車の上位となるグランクラスは1-2列配置の大型回転式リクライニングシートを備える。

　2009年に量産先行車が登場、試験等の結果を踏まえ10年から量産が開始され、11年3月に東京～新青森間で新設された「はやぶさ」で最高速度300km/hの営業運転を開始した。13年3月から「はやぶさ」の大宮～盛岡間の最高速度が320km/hとなり、増備が進むと「はやて」は「はやぶさ」に格上げされ、320km/h運転の列車が増発された。

　さらに16年3月の北海道新幹線開業によりE5系の新函館北斗乗り入れが始まり、JR北海道がE5系と同仕様で新製したH5系が登場した。両形式は、内装とシンボルマーク、ラインカラー

JR
新幹線

の違いで見分けられる。なお、H5系は、東京〜新函館北斗間の「はやぶさ」だけでなく、東京〜新青森間の「はやぶさ」にも充当される。

JR北海道のH5系。側窓下の細帯色が「彩香パープル」となった

諸元

（H5系）車体長：先頭車26250mm、中間車24500mm／最大幅／3350mm／最大高：3650mm／車体：ダブルスキン構造アルミ車体／制御方式：VVVFインバータ制御／主電動機出力：300kW／制動方式：回生ブレーキ併用電気指令式空気ブレーキ／台車：ボルスタレス支持板式軸箱支持空気ばね台車／座席：回転式リクライニングシート／製造初年：2014年／製造所：川重、日立

H5系のシンボルマークは北海道と、冬鳥として北海道に飛来するシロハヤブサをモチーフにデザインされた

▼ JR東日本 E6系

後ろにE5系を従えるE6系

 諸元

（量産車）車体長：先頭車23075m、中間車20500mm／最大幅：2945mm／最大高：3650mm／車体：ダブルスキン構造アルミ車体／制御方式：VVVFインバータ制御／主電動機出力：300kW／制動方式：回生ブレーキ併用電気指令式空気ブレーキ／台車：ボルスタレス支持板式軸箱支持空気ばね台車／座席：回転式リクライニングシート／製造初年：2012年／製造所：川重、日立

　E5系に併結して、東北新幹線での最高速度を320km/hに向上させるために開発されたミニ新幹線対応の車両。E5系と同様、空気ばね式車体傾斜装置を搭載するが、在来線区間では同装置は作動しない。

　2013年3月に「こまち」用E3系の置き換えが始まり、「スーパーこまち」として運転を開始した。2014年3月に置き換えが完了すると320km/h運転が開始され、列車名は「こまち」に戻った。

　ノーズ長の延長や自由席シートピッチの拡大等による定員減をカバーする

ため、E3系では6両編成だったのが、E6系では7両編成となった。

　東京～盛岡間等の併結相手は、E5系のみではなくH5系となることもある。E5/H5系と併結して「やまびこ」「なすの」として東北新幹線内のみを走る運用もある。

　初代秋田新幹線用E3系の場合は、増備車が山形新幹線400系の置き換え用になったが、現在、山形新幹線で使用されているE3系の置き換えは、東北新幹線での最高速度を300km/hに抑えたE8系となる予定なので、今後、E6系が増備される可能性は低そうだ。

▼ JR東日本 E7系／JR西日本 W7系

大宮に到着するW7系

 諸元

（W7系）最大長：先頭車26000mm、中間車25000mm／最大幅：3380mm／最大高：3650mm／車体：ダブルスキン構造アルミ車体／制御方式：VVVFインバータ制御／主電動機出力：3000kW／制動方式：回生ブレーキ併用電気指令式空気ブレーキ／台車：ボルスタレス支持板式軸箱支持空気ばね台車／座席：回転式リクライニングシート／製造初年：2014年度／製造所：川重、日立、近車

　2015年3月の北陸新幹線金沢開業に合わせ、JR西日本と共同開発された車両。JR東日本所属車がE7系、JR西日本所属車がW7系だ。

　抑速ブレーキなどブレーキ性能は、碓氷峠の連続30‰勾配に備えた仕様。給電周波数は、区間によって異なる50Hzと60Hzの双方に対応する。先頭部の長さはE2系と同じ9.1mだが、形状は「ワンモーションライン」と命名された新デザインになった。最高速度は275km／hだが、地上設備等の制約により、北陸新幹線は260km／h、上越新幹線は240km／hとなっている。

　E5系に続いてグランクラスの連結が行われ、JR西日本でもグランクラスサービスを導入することになった。E7系とW7系の違いはほとんどない。車体色も共通で、アイボリーホワイトをベースとして窓下に空色と銅色の細い帯が引かれる。ただし、シンボルマークに添えられている社名の英文表記は異なる。また、上越新幹線用に増備された編成のうち2編成は、朱鷺色の帯が付加され3色ラインとなっている。

　なお、JR東日本の新幹線車両としては初めて、全席に電源コンセントが設置された。これは、最高速度の設定が他の新幹線に比べて低く、電源容量に余裕が生じたことによる。

側窓下のラインに朱鷺色が加わったE7系F21編成

　また、東北新幹線に続いてグランクラスが設定され、グランクラスとグリーン車には、シャープ・川崎重工・デンソーが共同開発した空気浄化システムが搭載されている。

　19年10月の千曲川氾濫でE7系8編成・W7系2編成が被災、すでに廃車となっている。

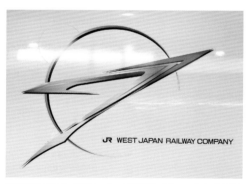

W7系側面のシンボルマーク。E7系ではこのマークの「WEST」の部分が「EAST」になっている

JR東日本 E926系

検測中のE926系（東北新幹線・大宮）

 諸元　車体長：先頭車22825㎜、中間車20000㎜／最大幅：2945㎜／最大高：4280㎜／車体：アルミ車体／制御方式：VVVFインバータ制御／主電動機出力：300kW／制動方式：回生ブレーキ併用電気指令式空気ブレーキ／台車：ボルスタレス支持板式軸箱支持空気ばね台車／座席：製造初年：2001年／製造所：東急車輛

　「East i」（イーストアイ）の愛称で知られるE926系新幹線電気軌道総合試験車は、01年に925形の後継として登場した。

　925形は国鉄時代に200系をベースに開発された試験車で、黄色い車体にグリーンの帯をまとった姿から、東海道・山陽新幹線の試験車と同じく「ドクターイエロー」の愛称があったが、926形は白地に赤い帯をまとう。

　なお、イーストアイの「i」には、intelligent（知能がある、自動制御の）、integrated（総合的な）、inspection（検査）という意味がある。

　最高速度は275km/hで、検測車両としては国内一の速度を誇る（ちなみにJR西日本のドクターイエローこと923形の最高速度は270km/h）。

　926形は山形・秋田新幹線の検測も行うため、E3系をベースに開発された。今は、登場後に開業した北陸新幹線のJR西日本区間、JR北海道の北海道新幹線の検測も行う。仙台総合車両センターを基地に、月に3回程度、北海道・東北・上越・北陸新幹線の全線を検測するが、1回の検測で首都圏での折り返しは3回あるため、首都圏での目撃チャンスは少なくない。

東海道新幹線

●路線概要

東海道新幹線は、1950年代、輸送力が切迫していた東海道本線を救済するため、国鉄（当時）が新たに建設した東京と大阪を結ぶ幹線鉄道であり、1964（昭和39）年に開催された東京オリンピックに合わせて開業した。

計画立案時には東海道本線を1067mm軌間で複々線化する案なども検討されたが、高速運転が可能な標準軌の新線を建設する案が採用された。もっともこれには前段があり、太平洋戦争前に東京と下関を結ぶ標準軌新線として着工しながら、中断した「弾丸列車計画」をベースとしている。

着工時点では、旅客列車だけでなく貨物列車の運転も計画され、貨物駅用地の確保や準備工事も行われたが、実現されず立ち消えとなった。その後、山陽新幹線として新大阪からさらに西に延伸され、72年に岡山、75年には博多に達した。

87年に国鉄がJRとして分割されると、東海道新幹線はJR東海、山陽新幹線はJR西日本の管轄となったが、相互直通運転により、JR西日本の新幹線車両が東京まで乗り入れる。

●車両概要

東京〜新大阪間の開業時、使用された車両は0系12両編成。1970年に「ひかり」編成を16両化、のちに「こだま」編成も16両編成となった。

84年、新幹線電車初のフルモデルチェンジとなる100系が登場。新幹線初の2階建車を食堂車・グリーン車に導入、JR化の時期と重なったこともあり、グリーン個室やカフェテリアなどサービスの拡充が図られた。

90年には、JR東海が開発を進めていた300系が登場する。それまで220km/hだった東海道新幹線の営業最高速度を270km/hに引き上げ、92年に登場した「のぞみ」用車両として営業運転を開始した。最高速度200km/h程度を想定して建設された東海道新幹線において最高速度を向上させるため、軸重11.3トン以下として開発された。

こうした車両軽量化によりスピードアップは達成されたが、速度優先のため、取りやめたサービスもある。

97年からは、山陽新幹線で最高速度300km/hを達成したJR西日本の500系の東海道新幹線への乗り入れが始まったが、各号車の定員や座席配置が異なるため、ダイヤ混乱時の運転整理等に支障となったこともあり、500系の乗り入れは2010年に終了した。

99年には、300系の後継車としてJR東海とJR西日本が共同開発した700系の営業運転が開始された。東海道新幹線の顔として長らく活躍したが、2007年にN700系が登場すると徐々に置換され、東海道新幹線での運行は2020年3月に終了した。

▼ JR東海/西日本 N700A

JR西日本N700AのF10編成（小田原）

 諸元　最大長：先頭車27350mm、中間車25000mm／最大幅：3360mm／最大高：3600mm／車体：ダブルスキン構造アルミ／制御方式：VVVFインバータ制御／電動機出力：305kW／制動方式：回生ブレーキ併用電気指令式空気ブレーキ／台車：ボルスタレスウイング式軸箱支持空気ばね台車／座席：回転式リクライニングシート／製造初年：2005年／製造所：日車、日立、川重、近車

　2013年2月8日より営業運転を行う東海道新幹線の主力車両（N700系1000/4000番台）。07年7月に営業運転を開始したN700系のマイナーチェンジ車両だ。

　N700系では、空気ばねを利用した車体傾斜システムの採用により、東海道新幹線での曲線通過速度の向上が図られた。N700A（N700系1000/4000番台）では、ブレーキディスク締結方式を内周締結から中央締結に変更することでブレーキ力を強化し（加えて架線停電検出機能を利用した地震ブレーキでは、通常よりブレーキ力を15%増

強）、制動距離の短縮を図っている。

　また、回復運転の助力とするため、勾配や走行抵抗を考慮したノッチ選択を行う定速走行装置を搭載した。

　なお、N700系の全車がN700Aに準じる仕様に改造され、2000/5000番台となった。

　700系まではJR東海とJR西日本が同一形式を製造する場合、座席や内装の色などで仕様を変えていたが、N700系では仕様が統一された。ただし、社内放送チャイムは、JR東海所属編成は「Ambitious Japan」、JR西日本所属編成は「いい日旅立ち」を使用して

いる。

旅客サービス設備は、300系から軽量化のため、座席クッションからスプリングを廃止していたが、座り心地向上のため、スプリングを復活させた。また、ノートパソコンの使用を考慮し、テーブルを大きくするとともに、グリーン車では全席と普通車の窓際、最前列と最後列の全座席に電源コンセントが設置された。加えて、本形式から公衆無線LANが提供されている。

JR西日本N700A。ドア左下、車両番号前にあるJRロゴの色で所属会社がわかる。オレンジはJR東海、ブルーはJR西日本

JR東海所属N700系を改造したN700Aのロゴ。N700系のロゴに小さく「A」が加えられている

▼ JR東海/西日本 N700S

西明石駅を通過するN700S

 諸元　最大長：先頭車27350㎜、中間車25000㎜／最大幅：3360㎜／最高高：3600㎜／車体：ダブルスキン構造アルミ／制御方式：VVVFインバータ制御／主電動機出力；305kW／制動方式：回生ブレーキ併用電気指令式空気ブレーキ／台車：ボルスタレスウイング式軸箱支持空気ばね台車／座席：リクライニングシート／製造初年：2018年／製造所：日車、日立

　次世代の東海道新幹線標準車両として開発され、2020年7月1日から量産車が営業運転を開始。現在は東京〜新大阪間の「のぞみ」を中心に充当されている。

　18年に確認試験車が登場。N700系・N700Aに引き続き、空気ばねを利用した車体傾斜システム、ダブルスキン構造のアルミ車体を採用し、先頭形状にデュアルスプリームウィング形を採用することで騒音や走行抵抗を軽減している。SiC素子のVVVFインバータ制御の採用により制御装置の小型軽量化を果たすとともに消費電力量を低減、

主電動機も出力を維持して軽量化を実現した。また、停電時のバッテリー走行を可能とするリチウムイオン電池を搭載し、架線からの給電がない場合でも最低限の自力走行ができるようになった。

　22年度までに40編成が増備され、N700Aを置換する。JR西日本でも21年から新製を開始。

　現在、増備が続いている車両なので充当される列車は一定でないが、JR東海のホームページで充当予定が予告されている。

▼ JR東海/西日本 923形

ドクターイエローの愛称が広く知られている923形（山陽新幹線・西明石）

諸元

最大長：先頭車27350mm、中間車25000mm／最大幅：3380mm／最大高：4305mm／車体：シングルスキン構造アルミ／制御方式：VVVFインバータ制御／主電動機出力：275kW／制動方式：回生併用電気指令式ブレーキ／台車：ボルスタレス円筒案内式軸箱支持空気ばね台車／製造初年：2000年／製造所：日立、日車

「ドクターイエロー」の愛称で知られる923形新幹線電気軌道総合試験車。鉄道各社が保有する事業用車両のなかで抜群の知名度を誇る。

0系ベースの922形T2編成電気軌道総合試験車が山陽新幹線博多開業に備えて1974年に登場。それまで試験車による検測は、営業運転終了後の深夜や未明に行われていたが、営業時間帯に行われるようになり、部外者に目撃されることが増え、「ドクターイエロー」の愛称が生まれた。79年にT3編成が増備され、検測体制が拡充した。

923形は、700系をベースに開発された試験車で、JR東海とJR西日本が各1編成を保有し、JR東海の東京交番検査車両所を基地として、おおむね月3回の「のぞみ」検測、3ヵ月に1回の「こだま」検測により、東海道山陽新幹線の軌道・信号・架線等の状態を検測する。

ベースとなった700系が全車引退したため、本車の将来が気になるが、当面は継続使用を行う見込みだ。JR九州では営業車両に検測機器を搭載して検測を行っているので、JR東海でも同様に総合試験車両の運用をやめるかもしれない。

鉄道車両メーカーの系譜2

●川崎車両（川崎重工業）

　川崎重工業は、船舶・鉄道車両・航空機といった輸送機器やプラントなどの産業設備を製造する総合メーカーだ。鉄道車両を担当する「車両カンパニー」は兵庫工場（神戸市）をマザーファクトリーとし、甲種輸送の出場時に使う専用線は山陽本線兵庫駅に接続する。JRや私鉄などの国内の鉄道事業者向けだけでなく、輸出車両も多く手がける。

「四季島」の先頭車などは、川崎重工（当時）が製造を担当

　1878（明治11）年に東京築地で創業した川崎築地造船所を出自とし、96年、神戸で川崎造船所として創立。1906年に開設した運河分工場（現・兵庫工場）で鉄道車両の新製を開始し、28（昭和3）年に兵庫工場が独立して川崎車輌となった。

　一方、川崎造船所は39年に社名を変更して川崎重工業となる。川崎重工業は69年に川崎車輌・川崎航空機工業を合併し、72年には国内初の民間機関車メーカーである汽車製造を吸収。さらに2006年には、アルナ工機から分社化された鉄道車両用窓・扉製造のアルナ輸送機用品を子会社化している。

　なお20年11月に発表されたとおり、車両カンパニーは21年10月に川崎車両として分社化された。

　一時は、JR東日本の一般形電車も多数製造していたが、総合車両製作所発足などにより一般形電車の製造は減った。ただし、新幹線や特急形の製造は多い。

●近畿車輌

　近畿車輌は近鉄グループの会社で、鉄道車両生産を専業とする。2012年にJR西日本が近畿日本鉄道より発行済み株式5%相当を取得、業務提携を結んでいる。本社・工場の所在地は大阪府東大阪市で、甲種輸送時の出場は隣接する片町線徳庵駅から行う。

　源流は1920年創業の田中車両工場で、のちに改組した田中車両の全株式を近畿日本鉄道が1945年に取得、近畿車輌に改称して今日に至る。建材や自動販売機の製造など、鉄道車両以外にも業務内容を広げた時期もあったが、現在は専業に戻った。

　近鉄やJR向けだけでなく、各地の私鉄や地下鉄の車両も製造、輸出車両も生産する。三菱重工（当時）などと提携して開発した超低床電車を広島電鉄に納入している。

東京メトロ13000系と共通設計の東武70000系共同で近畿車輌に発注された

在来線の特急・
　客車・
　事業用車

JR東日本353系（中央本線・日野）

伊豆箱根鉄道直通の特急「踊り子」に充当された時代の185系

諸元

最大長：先頭車20280mm、中間車20000mm／最大幅：2946mm／最大高：4066mm／車体：鋼製車体／制御方式：抵抗制御／主電動機出力：120kW／制動方式：発電ブレーキ併用電磁直通ブレーキ、抑速ブレーキ／台車：ボルスタ付ウィング式軸箱支持空気ばね台車／座席：回転式リクライニングシート／製造初年：1981年／製造所：日車、川重、近車、東急車輛、日立

　国鉄が首都圏の老朽化した急行形153/165系等を置換えるために開発した特急形直流電車。1981年に0番台が東京〜伊豆急下田〜修善寺間の急行「伊豆」の特急格上げ用に投入され、82年には200番台が上野〜大宮間の東北新幹線連絡列車「新幹線リレー号」用に投入された。

　汎用性を重視し、側窓は1段上昇式、側扉幅は急行形と同じ1000mm、普通車座席は転換クロスシートを採用した。0番台では車体中央部に太い緑色の斜めストライプを入れた斬新な塗装が採用されたが、200番台は窓下に緑色の

帯を入れた塗装になった。その後、リニューアル工事が行われ、普通車の座席は回転式リクライニングシートに交換、塗装もブロックパターンに変更されたが、現在は0番台登場時のストライプ塗装になった。

　東北本線方面の定期運用がなくなり、高崎線方面の特急運用は651系に置き換えられ、東海道本線方面の「踊り子」などの運用のみとなっていたが、2021年3月ダイヤ改正でE257系による置き換えが完了し、定期運用が終了した。現在は、臨時列車や団体列車などで運用される。

▼ JR東日本 253系1000番台

東武日光線に直通運転する253系1000番台（東武日光線・栃木）

諸元　車体長：先頭車20430mm、中間車20000mm／車体幅：2946mm／車体高3785mm／車体：鋼製車体／制御方式：VVVFインバータ制御／主電動機出力：120kW／制動方式：回生・発電ブレーキ併用電気指令式空気ブレーキ、抑速ブレーキ／台車：ボルスタレス軸梁式軸箱支持空気ばね台車／座席：回転式リクライニングシート／改造初年：2010年／改造所：東車・JR東日本大宮総合車両センター

　253系は、1991年3月の成田線成田～成田空港間開業時に登場した「成田エクスプレス」用の特急形直流電車。

　鋼製車体に、当時のJR東日本直流電車で標準的だった界磁添加励磁制御、回生ブレーキ併用電気指令式空気ブレーキを採用した。車内設備は空港輸送に特化させ、グリーン車は1-1列ないしは1-2列の開放席とコンパートメント、普通車は大型バッグに対応しやすい固定クロスだった。

　2002年にはFIFAワールドカップ輸送のため、接客設備を見直した200番台6連2編成を増備されたが、10年に

E259系が登場し0番台が置き換えられた。

　車齢の若い200番台は、前面貫通扉を廃止し、東武線乗入れ機器を増設。VVVFインバータ制御化・グリーン車の普通車化、普通車のシートピッチ拡大などの改造が施されて1000番台に改番。塗装も変更され、東武線直通特急「日光」「きぬがわ」に転用された。

　JR東日本と東武線直通運転のため、東北本線栗橋に新設された連絡線を経由して東武日光線に乗り入れ、新宿～東武日光・鬼怒川温泉間を結んでいる。

総武本線「しおさい」で運用される255系（総武本線・市川）

諸元

（更新車）最大長：先頭車20570mm、中間車20000mm／最大幅：2946mm／最大高：4077mm／車体：鋼製車体／制御方式：VVVFインバータ制御／主電動機出力：95kW／制動方式：回生ブレーキ併用電気指令式空気ブレーキ、抑速ブレーキ／台車：ボルスタレスロールゴム式軸箱支持空気ばね台車／座席：回転式リクライニングシート／製造初年：1993年／製造所：東急車輛、近車

　房総特急は1972年の設定以来、長らく183系が運用されていたが、その一部置き換えのため93年に255系特急形直流電車が投入された。

　鋼製車体のVVVFインバータ制御車で、抑速ブレーキと回生ブレーキ併用電気指令式空気ブレーキを採用。

　183系はスムーズな乗降に配慮して2扉車を基本としていたが、255系では1扉車が基本となった。また、253系と車体断面は共通だが、側窓の天地寸法が拡大され、観光特急にシフトした設計になった。

　登場時は、京葉線から内房・外房線に向かう「ビューさざなみ」「ビューわかしお」に投入されたが、現在の主力運用は東京〜銚子間の「しおさい」になり、内房・外房線への入線は減少している。

　本系列は、183系が使用されていた千葉方面特急のグレードアップのために投入されたが、アクアラインの開通など房総方面の道路事情の改善が進むと内房・外房線の競争力が落ち、総武本線での運用がメインとなった。

▼ JR東日本 E257系

中央本線での定期運用終了後も臨時特急用に中央本線に残る０番台（中央本線・春日居町）

 最大長：先頭車20500㎜、中間車20000㎜／最大幅：2946㎜／最大高：3760㎜／車体：ダブルスキン構造アルミ車体／制御方式：VVVFインバータ制御／主電動機出力：145kW／制動方式：回生・発電ブレンディングブレーキ併用電気指令式空気ブレーキ、抑速機能付き／台車：ボルスタレス軸梁式軸箱支持空気ばね台車／座席：回転式リクライニングシート／製造初年：2001年／製造所：日立、近車、東急車輌

　2001年に中央本線で営業運転を開始した特急形直流電車。

　国鉄時代に投入された183系、189系の置換用として開発されたVVVFインバータ制御車で、列車密度が低い区間での回生ブレーキ失効に備えて回生・発電ブレンディングブレーキ併用電気指令式空気ブレーキを採用、さらに抑速ブレーキも備える。

　中央本線では、すでに制御付振子電車E351系が投入されていたが、E257系では汎用性を重視し、走行線区が限定される制御付振子装置や空気ばね式車体傾斜装置は採用しなかった。ただ

し、軽量のダブルスキン構造アルミ車体を採用し、空調装置を床下搭載として低重心構造を実現している。

　まず松本方が非貫通型先頭車である０番台基本編成９連と、基本編成方先頭車が簡易運転台である０番台付属編成２連が、中央本線の「あずさ」「かいじ」に投入された。次いで04年に、貫通型先頭車のみの500番台モノクラス５連が、総武・房総方面に投入された。

　17年からはE353系の中央本線投入による置き換え対象となり、19年には中央本線での定期運用が終了した。捻

出された0番台は2000番台に改造、20年3月から東京〜伊豆急下田間「踊り子」の一部に投入され、21年3月13日

ダイヤ改正から500番台を改造した2500番台も「踊り子」に投入され、185系「踊り子」の置き換えを終えた。

房総方面に向かう500番台（京葉線・検見川浜）

「踊り子」伊豆急乗り入れ編成に使用される2000番台（東海道本線・熱海）

▼ JR東日本 E259系

「成田エクスプレス」のE259系（山手線・恵比寿）

諸元　車体長：先頭車21000㎜、中間車20000㎜／最大幅：2946㎜／最大高：3655㎜／車体：ダブルスキン構造アルミ車体／制御方式：VVVFインバータ制御／主電動機出力：140kW／制動方式：回生ブレーキ併用電気指令式空気ブレーキ、抑速ブレーキ／台車：ボルスタレス軸梁式軸箱支持空気ばね台車／座席：回転リクライニング／製造初年：2009年／製造所：東急車輌、近車

253系に代わって09年から「成田エクスプレス」に投入された特急形直流電車。

253系で試行錯誤された車内設備が整理され、普通車はシートピッチを1020㎜に拡大した回転式リクライニングシートとなった。グリーン車はシートピッチ1160㎜の回転リクライニングシートのみになり、コンパートメント等は廃止され、バゲージスペース（荷物置き場）が拡充された。

制御はVVVFインバータ制御で、ブレーキは抑速ブレーキ・回生ブレーキ併用電気指令式空気ブレーキを採用。

車体はダブルスキン構造アルミ車体、台車は軸梁式ボルスタレス空気ばね台車を採用している。

定期運用は「成田エクスプレス」のみだが、臨時列車として伊豆急下田や富士急河口湖まで入線の実績がある。

前任の253系は、ボックスシートなど多彩な座席を用意して空港輸送の拡充をねらったが、本系列では、邦人好みのシンプルな座席サービスで利用者満足度の向上が図られた。

▼ JR東日本 E261系

E261系「サフィール踊り子」（伊東線・熱海）

 諸元

最大長：先頭車20935mm、中間車20000mm／最大幅：2946mm最大屋根高3850mm／車体：ダブルスキン構造アルミ車体／制御方式：VVVFインバータ制御／主電動機出力：140kW／制動方式：回生ブレーキ併用電気指令式空気ブレーキ／台車：ボルスタレス軸梁式軸箱支持空気ばね台車／座席：全車グリーン車／製造初年：2019年／製造所：川重、日立

　251系「スーパービュー踊り子」の後継列車となるハイグレード伊豆特急用に開発された特急形直流電車。2020年3月14日ダイヤ改正で新設された「サフィール踊り子」で営業に就いた。

　プレミアムグリーン車1両、グリーン個室車2両、グリーン車4両、カフェテリア車1両からなる8両編成。先頭車の運転室と客室の仕切りには大きなガラスが採用されているため、客室から前面展望を楽しめる。また、側天井部には天窓を設けている。

　プレミアムグリーン車は、側通路に1人掛けの電動リクライニング座席が2列に並び、座席下に荷物置き場を設け荷棚はない。グリーン車は、回転リクライニング座席が1＋2列配置。個室グリーン車には4人個室と6人個室が各2室ある。カフェテリアでは、ヌードルメニューを提供する。

　定期列車として東京〜伊豆急下田間を1日1往復する。臨時列車では、おおむね週末と祝日に新宿〜伊豆急下田間を1日1往復。おおむね月・木・金に東京〜伊豆急下田間を1日1往復が設定されている。

JR東日本 E353系

E353系で運転される特急「あずさ」（中央本線・長坂～小淵沢間）

諸元　（量産車）最大長：先頭車21430mm、中間車20500mm／最大幅：2920最大高：3540mm／車体：ダブルスキン構造アルミ車体／制御方式：VVVFインバータ制御／主電動機出力：140kW／制動方式：回生・発電ブレーキ併用電気指令式空気ブレーキ、抑速ブレーキ／台車：ボルスタレス軸梁式軸箱支持空気ばね台車／座席：回転式リクライニングシート／製造初年：2017年／製造所：JT横浜

　JR東日本の在来線車両で初めて空気ばね式車体傾斜システムを搭載した特急形直流電車。15年に量産先行車が登場し、試験運転の成果を活かして17年に量産が開始された。

　同年12月から営業運転に投入され、2018年3月に振子車E351系との置き換えを完了。さらに19年3月には中央本線関連のE257系定期運用と置き換えられた。

　車体はダブルスキン構造のアルミ製、制御装置はVVVFインバータ方式。列車密度が低い区間も走行することから、回生ブレーキが失効した場合に発電ブレーキに切り替わる「回生・発電ブレンディングブレーキシステム」を備えた抑速・回生制動併用電気指令式空気ブレーキを搭載する。

　中央本線は曲線区間が多く、高速運転に向かないが、中央高速道路との競合が激しいため、JR東日本は制御付き自然振り子車E351系を導入したが、乗り心地などの面から満足する結果を得られず、通常構造のE257系を導入した。しかし、曲線通過速度の面で課題が残ったため、この解決のために本形式が投入された。

▼ JR東日本 651系1000番台

特急「スワローあかぎ」として運用されるE651系（東北本線・東十条）

諸元　車体長：先頭車21100mm、中間車20600mm／最大幅：2900mm／最大高：3515mm／車体：普通鋼製車体／制御方式：界磁添加励磁制御／主電動機出力：120kW／制動方式：回生ブレーキ併用電気指令式空気ブレーキ、抑速ブレーキ／台車：ボルスタレスロールゴム式軸箱支持空気ばね台車／座席：回転式リクライニングシート／改造初年：2013年／改造所：JR東日本大宮総合車両センター、JR東日本郡山総合車両センター

　常磐線用に開発された特急形交直流電車で、JR東日本発足後に初めて登場した新型特急形車両。

　在来線で最高速度130km/hとした界磁添加励磁制御車で、制動方式は電気指令式空気ブレーキ、抑速ブレーキに加えて、交直流電車で初の回生ブレーキを併用する。

　1989年3月に「スーパーひたち」としてデビュー、90年のブルーリボン賞を受賞した。

　2013年3月にE657系に置き換えられるまで、常磐線のエースとして君臨した。

　13年、高崎線方面の「草津」等に運用されている185系との置換のため、一部車両の交流機器を撤去または使用停止の措置を行い、特急形直流電車に改造し、1000番台への改番を行った。

　車内設備は原型のままだが、塗色は側窓下にオレンジの細帯を追加。先頭台車にはスノープラウを設置するとともに、パンタをシングルアームに交換した。

　14年3月ダイヤ改正より「くさつ」「あかぎ」「スワローあかぎ」に充当されている。

▼ JR東日本 E653系1000番台

国鉄特急色仕様のE653系（常磐線・勝田）

 諸元　車体長：先頭車21100㎜、中間車20000㎜／最大幅：2946㎜／最大高：4000㎜／車体：ダブルスキン構造アルミ車体／制御方式：VVVFインバータ制御／主電動機出力：145kW／制動方式：回生ブレーキ併用電気指令式空気ブレーキ／台車：ボルスタレス軸梁式軸箱支持空気ばね台車／座席：回転式リクライニングシート／改造初年：2013年／改造所：JR東日本郡山総合車両センター

　1997年に登場したE653系は、常磐線の特急「ひたち」で運用されていた485系を置換するため、汎用性がある仕様で開発された特急形交直流電車。

　ダブルスキン構造アルミ車体にVVVFインバータ制御を採用。抑速ブレーキを備え、回生ブレーキ併用電気指令式空気ブレーキを装備する。

　2013年に登場したE657系で置き換えられ、新潟に転属するまで「フレッシュひたち」に充当された。

　新潟に転属するにあたり、1000/1100番台に改造された。「いなほ」用として改造された1000番台は7両編成中1両をグリーン車に改造され、暖房の強化や主要機器の防雪カバーの設置など、耐寒・耐雪構造が強化された。

　現在、1000/1100番台は新潟地区で使用されているが、18年に1000番台の7連1編成が国鉄特急色を模した塗装に変更されて勝田車両センターに復帰した。1両はグリーン車のまま、651系に代わって団体列車や臨時列車等に充当されている。

JR東日本 E655系

団体専用列車として運用されるE655系（中央本線・長坂〜小淵沢）

諸元　車体長：先頭車21115㎜、中間車20000㎜／最大幅：2946㎜／最高高：3940㎜／車体：ダブルスキン構造アルミ車体／制御方式：VVVFインバータ制御／主電動機出力：140kW／制動方式：回生ブレーキ併用電気指令式空気ブレーキ・抑速ブレーキ、電気指令式併用自動空気ブレーキ／台車：ボルスタレス軸梁式軸箱支持空気ばね台車／座席：回転式リクライニングシート／製造初年：2007年／製造所：日立、東急車輛

　「なごみ（和）」の愛称をもつE655系は、天皇皇后両陛下がご乗車になる「特別車両」（TR車）を連結するお召し列車に充当するために新製した交直流電車。

　「特別車両」を連結せず、全車グリーン車の「ハイグレード車両」として団臨に運用されることもある。

　車両の仕様は、ダブルスキン構造アルミ車体のVVVFインバータ制御。これは、現在のJR東日本では標準的な構成であるが、E655系の場合、非電化区間に機関車牽引で直通することを考慮し、機関車牽引時のブレーキは自動空気ブレーキに切り替えられる。非

電化区間のサービス電源は1号車床下搭載のディーゼル発電機が担う。

　特別車両は3号車と4号車の間に連結されるが、仕様の詳細は公開されていない。特別車両、3号車を除く車両の座席は布張りだが、3号車は本革張りシートになっている。3号車にはさらに個室型のVIP室や給仕室、多目的スペースも設置されている。

　なお、両陛下が正式な公務で乗車されるお召列車ではなく、静養など私的な目的で運転されるご乗用列車として運転する場合は、特別車は連結しないようだ。

▼ JR東日本 E657系

特急「ひたち」として運用されるE657系（常磐線・偕楽園）

 最大長：先頭車21500mm、中間車20000mm／最大幅：2946mm／最大高：4249mm／車体：ダブルスキン構造アルミ車体／制御方式：VVVFインバータ方式／主電動機出力：140kW／制動方式：抑速ブレーキ付き回生ブレーキ併用電気指令式空気ブレーキ、抑速ブレーキ／台車：ボルスタレス軸梁式軸箱支持空気ばね台車／座席：回転式リクライニングシート／製造初年：2011年／製造所：近車、日立、JT横浜

常磐線用に開発された特急形交直流電車。2012年から営業運転を開始し、651系およびE653系と置換された。

車体はダブルスキン構造のアルミ車体。制御装置はVVVFインバータ方式、ブレーキ装置は抑速ブレーキ付き回生ブレーキ併用電気指令式空気ブレーキ、ボルスタレス軸梁式空気ばね台車という機器構成。

北陸新幹線の延伸により、JR東日本所属の特急車両が糸魚川以西に入線する可能性が減ったためか、E653系とは違って交流60Hzには非対応となっている。

10両編成のみの投入で付属編成の解結は配慮されておらず、非貫通式先頭車で電気連結器も装備しない。

15年3月に常磐線の列車体系が見直され、速達型が「スーパーひたち」から「ひたち」、主要駅停車型が「フレッシュひたち」から「ときわ」に改称されたが、車両はどちらも本形式を使用する。

▼ JR西日本／JR東海 285系

「サンライズ瀬戸/出雲」として運用されるJR西日本の285系（山陽本線・魚住〜土山）

諸元　最大長：先頭車21670mm、中間車21300mm／最幅：2935mm／最大高：4090mm／車体：普通鋼車体／制御方式：VVVFインバータ制御／主電動機出力：220kW／制動方式：発電・回生ブレーキ併用電気指令式空気ブレーキ、抑速ブレーキ／台車：ボルスタレス軸梁式軸箱支持空気ばね台車／座席：個室寝台、カーペット席／製造初年：1998年／製造所：近車、川重（西日本車のみ）、日車（東海車のみ）

　1998年に「サンライズ瀬戸/出雲」用として登場した特急形直流寝台電車。JR西日本とJR東海が保有するが、全編成をJR西日本後藤総合車両所出雲支所で一括管理し、共通運用を組む。2M5Tの7両編成で、貫通形先頭車の鋼製車体、制御装置はVVVFインバータ制御方式、抑速ブレーキ付き電気・回生ブレーキ併用電気指令式空気ブレーキを採用する。旅客設備の劣化に対応するため、2014年にリニューアル工事が実施されている。

　1人用個室寝台を基本とし、座席扱いであるカーペット車「ノビノビ座席」を除き、すべてが個室寝台の設定。B寝台1人用個室としてソロ、シングル、シングルツイン、B寝台2人用個室としてサンライズツイン、A寝台1人用個室としてシングルデラックスがある。個室以外の設備としてシャワー室とミニラウンジが備えられている。

　東京〜岡山間は2編成併結で運転、岡山で分割併合し、高松と出雲市に向かう。1編成ある予備編成を使用して、多客期に臨時サンライズが運転されることもあるが、東京発着は早朝と夜間になるため、首都圏での走行シーンの目撃は難易度が高い。

▼ JR東日本 485系「リゾートやまどり」

臨時快速列車「リゾートやまどり」として運用される485系（東北本線・大宮）

諸元

車体長：先頭車21000mm、中間車20000mm／車体幅：2940mm／車体高4070mm／車体：鋼製車体／制御方式：抵抗制御／主電動機出力：120kW／制動方式：発電ブレーキ併用電磁直通ブレーキ、抑速ブレーキ、自動ブレーキ／台車：インダイレクトマウントウイングばね式空気ばね台車／座席：回転式リクライニングシート 改造年2010年／改造所：東急車輛

　60Hz対応の481系と50Hz対応の483系を統合した交直流電車として1968年に登場した、国鉄を代表する特急形電車。直流1500V、交流2万V50/60Hzに対応し、在来線電化区間の大半に入線可能だった。

　JR東日本/西日本/九州に承継されたが、2021年秋にジョイフルトレイン「やまなみ」の一部を編成に組込んだ盛岡車両センターの「ジパング」が引退したため、今ではジョイフルトレインに改造された「華」と「リゾートやまどり」の2編成が高崎車両センターに残るのみとなった。

　「リゾートやまどり」は、485系を改造したお座敷車両「やまなみ」「せせらぎ」を2011年に再改造したもので、お座敷車への改造時には新製車体に既存の機器が流用された。お座敷車時代はグリーン車だったが、「リゾートやまどり」では全車普通座席車となった。とはいえ、座席は1 - 2列配置の回転式リクライニングシート、シートピッチは1200mm（2号車は1550mm）と、グリーン車並み。

JR
特急・客車・事業用車

055

▼ JR東日本 485系「華」

団体専用列車「華」として運用される485系

 諸元　車体長：先頭車21000mm、中間車20000mm／車体幅：2940mm／車体高4070mm／車体：鋼製車体／制御方式：抵抗制御／主電動機出力：120kW／制動方式：発電ブレーキ併用電磁直通ブレーキ、抑速ブレーキ／台車：インダイレクトマウントウイングばね式空気ばね台車／座席：和式改造年1997年／改造所：JR東日本土崎工場

　1997年に新製車体と485系の機器流用を組み合わせて登場したお座敷電車。機器流用車のため、走行装置は抵抗制御と発電ブレーキ併用電磁直通ブレーキの組み合わせである。狭隘トンネルがある中央本線への入線も可能。

　登場当時は小山電車区（現・小山車両センター）だったが、現在は「リゾートやまどり」とともに高崎車両センターに所属する。

　両先頭車の運転室の次位はソファーを備えた展望室。和室部は天井を高くし、掘りごたつ形式にするために畳敷きの床はハイデッカー構造になっているが、床昇降装置によりフラットな床とすることも可能。なお、パンタ部はハイデッカーにできないため、ソファーとテーブルが配置されたミーティンググルームとなっている。

　JR東日本は各地にお座敷車両を多数保有していたが、需要の減少に伴い廃車が進み、「華」が現存する唯一のお座敷車両となっている。「リゾートやまどり」とともに新製車体を採用したため、前頭部形状はよく似ているが、前照灯の位置など細かい点で相違が見られる。

▼ JR東日本 E001系「四季島」

JR東日本管内だけでなく、JR北海道にも乗り入れる

諸元　最大長：先頭車21615mm、中間車21300mm／最大幅：2900mm／最大高：4070mm／車体：ダブルスキン構造アルミ車体（1-4、8-10号車）、ステンレス車体（5-7号車）／制御方式：VVVFインバータ制御、ブレーキ抵抗器付／非電化区間用機関出力：1800kW／主電動機出力：140kW／制動方式：回生ブレーキ併用電気指令式空気ブレーキ／台車：ボルスタレス軸梁式軸箱支持空気ばね台車／座席：個室／製造初年：2016年／製造所：川重・JT横浜

　JR東日本が運行するクルーズトレイン「TRAIN SUITE 四季島」用の車両で、電化区間にも非電化区間にも対応したデュアルモード車（電気・ディーゼル両用車）。

　電化区間では4電源対応の交直流電車となり、非電化区間では搭載されたディーゼル発電機を電源として走行する。抑速ブレーキと発電・回生ブレーキ併用電気指令式空気ブレーキを搭載しており、非電化区間でも発電ブレーキが使えるようになっている。

　北海道新幹線開業後の青函トンネルを通過可能な在来線車両は、JR貨物のEH800形機関車に牽引された客貨車と、このE001系のみだ。

　両先頭車は展望室を備え、1両にスイートルームが3室ある車両が5両、檜風呂を備えたデラックススイートと四季島スイートの2室がある車両・ダイニング・ラウンジが各1両の10両編成で、個性的な先頭車は目立つ。

　1泊2日コースや3泊4日コースがあり、JR東日本・JR北海道のさまざまな線区で見られるが、関東地方では中央本線、高崎・上越線、東北本線などでよく見られる。

JRグループ初の新系列客車で、国内唯一のステンレス客車

諸元 車体長：20800mm／車体幅：2880mm／車体高4070mm／車体：ステンレス車体／台車：ボルスタレス軸梁式軸箱支持空気ばね台車／座席：個室／製造初年：1999年／製造所：東急車輛・新潟鐵工所・富士重工・JR東日本大宮工場

E26系は、1999年に上野〜札幌間で運行を開始した寝台特急「カシオペア」用に新製された客車。国内唯一のステンレス客車で、JR化後、1編成の全車が新製車という寝台列車編成も本列車のみとなっている。

客室はすべてA寝台2人個室（一部は3人利用可能）で、各個室にトイレと洗面所を備える。シャワー設備付きは一部車両のみで、ほかは共用シャワーを利用できる。電源車を兼ねたカハフE26を除いて全車2階建て。

北海道新幹線工事が進捗すると、「カシオペア」は廃止されたが、団体臨時列車扱いでJR東日本管内（三セク転換線を含む）を走る。

予備電源車カヤ27は、24系の電源車カニ24を改造編入したもの

▼ JR東日本 12系

「SLぐんま みなかみ」に運用される12系客車（渋川）

 諸元　最大長：21300mm／最大幅：2994mm／最大高：4085mm／車体：鋼製車体／台車：軸ば
ね式空気ばね台車／座席：ボックスシート／製造初年：1969年／製造所：新潟鐵工所、
富士重工、日車

　12系客車は、70年に開催された大阪万博に備え、国鉄が開発したボックスシートの新系列客車。普通座席客車で初の冷房となった。冷房電源は一部の緩急車床下に搭載したディーゼル発電機を使用し、照明や車内放送の電源は旧型客車と同様に車軸発電機と蓄電池を使用する。そのため、冷暖房を使用しない場合は発電機を運転する必要はない。また冷房を使用しない場合は、旧型客車に1両単位で混結が可能。

　登場当初は、急行や臨時・団体列車での使用が多かったが、国鉄末期にはローカル列車での運用が多く見られた。

　登場時期が国鉄蒸気機関車の廃止時期と重なったため、蒸気機関車牽引の臨時列車や蒸気機関車のさよなら運転にも多く起用され、近代的な外観のわりに蒸機との縁が深い。

　現在、高崎車両センターに残る12系は、高崎で動態保存されているD51 498とC61 20の蒸機列車に使用されることが多い。

　なお、JR西日本も「SL北びわこ」用として12系客車を保有しているが、同列車は今後の運行予定がないと発表されているため、高崎の12系がJR最後の12系客車となる可能性もある。

▼ JR東日本 旧型客車

「ELレトロ碓氷」に運用されるオハ47

 諸元

（オハ47）車体長：19500mm／車体幅：2900mm／車体高4020mm／車体：鋼製車体／台車：軸ばね式板ばね台車／座席：ボックスシート／改造初年：1961年／製造所：国鉄盛岡・土崎・新津・大宮・長野工場ほか

旧型客車とは、12系客車や20系寝台客車よりも前に国鉄が新製した客車の総称。

ここでは旧型客車と表記しているが、これは正式な名称ではなく、明確な基準はないが、手動式側扉があり、サービス電源は車軸発電と蓄電池、普通車はボックスシートで非冷房という仕様が一般的だ。ただし法令等の改正により、近年は側扉にロック装置を取り付けるケースもある。

現在、グリーン車・寝台車等優等車の旧型客車は現存せず、JR東日本／北海道、大井川鐵道、津軽鉄道の4社で、普通車やカフェカーとして臨時列車で運転される。

現在、高崎車両センターが保有する旧型客車は、オハ47が3両、スハフ42が2両、オハニ36とスハフ32が各1両。スハフ32は32〜42年に、残る6両は50年代に製造された。

2011年に側扉のロック装置取付などの整備が行われ、さらに20年にスハフ42 2173がラウンジカーに改装、残る6両も内装をリニューアルされている。

主に高崎起点で運転される「SLぐんま みなかみ」号や「SLぐんま よこかわ」号で使用されるが、旧型客車を使用する場合は列車名に「レトロ」が付け加えられ、「レトロ」がない場合は12系客車が使用される。

▼ JR東日本 491系

勝田車両センター所属の「East-i・E」（総武本線・幕張本郷）

諸元

車体長：先頭車21000mm、中間車20000mm／最大幅：2900mm／最大高：3277.5mm／車体：ダブルスキン構造アルミ車体／制御方式：VVVFインバータ制御／主電動機出力：130kW／制動方式：回生・発電ブレンディングブレーキ併用電気指令式空気ブレーキ、抑速ブレーキ／台車：ボルスタレス積層ゴム式軸箱支持空気ばね台車／座席：―／製造初年：2002年／製造所：日立、近車

　E491系は、「East-i・E」の愛称で知られる交直流電気軌道総合試験車。走行中に軌道・架線・信号の検測を行う事業用電車として2002年に登場し、勝田車両センターに配置された。

　JR東日本の電化各線区と、経営分離した三セクなど私鉄の一部を定期的に検測する。

　ダブルスキン構造アルミ製の車体で、制御装置はVVVFインバータ方式、ブレーキは抑速ブレーキ・回生・発電ブレンディングブレーキ併用電気指令式空気ブレーキを装備する。

E491系「East-i・E」のロゴ。事業用車だが、『鉄道ダイヤ情報』で運行予定を確認できること

▼ JR東日本 キヤE193系

秋田車両センター所属の「East-i・D」（信越本線・新津）

 諸元

最大長：先頭車21000mm、中間車20000mm／最大幅：2930mm／最大高：3278mm／車体：ダブルスキン構造アルミ車体機関形式横型直列6気筒機関出力450PS伝達方式液体式／制動方式：電気指令式空気ブレーキ、抑速ブレーキ／台車：ボルスタレス積層ゴム式空気ばね台車／製造初年：2002年／製造所：新潟鐵工所

　「East-i・D」の愛称で知られるキヤE193系はE491系「East-i・E」の気動車版。走行中に軌道・架線・信号の検測を行う事業用ディーゼルカーとして2002年に登場し、秋田車両センターに配置された。

　ディーゼルカーだが、架線検測用のパンタを搭載し、電化区間の検測を行うこともある。

　ダブルスキン構造のアルミ車体で、キヤE193とキヤE192には450PSの直列6気筒横型ディーゼルエンジン

DMF14HZBを2台搭載、最高運転速度は110km/hとなっている。

　配属は秋田だが、第三セクターを含む非電化線区を中心に首都圏でも検測を行っている。

　なお、この写真ではマヤ50-5001を中間部に連結した4両編成になっているが、マヤ50を連結せずに3両編成で検測することのほうが多い。E491系同様、事業用車ながら『鉄道ダイヤ情報』で運行予定を確認できる場合がある。

▼ JR東日本 マヤ50-5001

照射した光をCCDカメラで解析して建築限界を測定する（新津）

諸元　最大長：19500mm／最大幅：2800mm／最大高：3950mm／車体：普通鋼／台車：軸ばね
式コイルばね台車／制動方式：CL自動空気ブレーキ、電気指令式電磁直通ブレーキ／
改造年：2003年／改造所：JR東日本大宮工場

　「おいらん車」の別名で知られる建築限界測定車オヤ31に代わって登場した光学式建築限界測定車スヤ50 5001を、2003年に検測車E491系・キヤE193系と併結可能に改造した車両がマヤ50 5001。

　オヤ31では、車体から放射状に矢羽根を配置し、建築限界を超える障害物の有無を物理的に検測する方式だったが、マヤ50 5001では光学式測定装置で障害の有無を判断する。

　スヤ50 5001は、1995年にオハフ50 2301を改造して誕生、検測車との併結

改造を行った際、検出箇所撮影用ビデオカメラとキロ程補正装置も搭載した。この結果、重量増によりマヤ50に形式が変更された。

　以前の建築限界測定車は測定頻度はそれほど多くなかったが、本車では測定対象が拡大されるとともに、測定頻度も上げられた。

　なお、車両の所属は仙台車両センターだが、JR東日本全域で運用されるため、首都圏でも見る機会がある。

▼ JR東海キヤ95系

「ドクター東海」こと、JR東海の在来線軌道・電気総合試験車（東海道本線・尾張〜一宮）

諸元 　（第1編成）車体長：先頭車21400mm、中間車17500mm／車体幅：2894mm／車体高3950mm／車体：ステンレス車体機関形式横型直列6気筒機関出力350PS伝達方式液体式／制動方式：電気指令式空気ブレーキ、コンバータブレーキ／台車：ボルスタレス円錐積層ゴム式軸箱支持空気ばね台車／製造初年：1996年／製造所：日車

　「ドクター東海」の愛称を持つキヤ95系は、JR東海が保有する在来線の軌道・電気総合試験車。

　1996年に新製し、97年3月末から本格稼働を開始した。

　軌道・信号・架線の検測を最高速度120km/hで走行しながら行える。キヤ95系の登場後に開発されたJR東日本のE491系、キヤE193系、JR西日本のキヤ141系の軌道検測車は20m車2台車方式を採用しているが、キヤ95系では17m車3台車方式となっていることが特徴といえる。

　なお、架線状態の計測のため、パンタグラフの搭載が可能だが、実際に搭載されているのは2編成のうち1編成のみとなっている。

　キハ75系をベースとした足回りは、350PSのカミンズ製水平直列6気筒エンジン（C-DMF14HZB）を2台搭載した液体式で、電気指令式空気ブレーキを採用している。

　東海道本線の検測では熱海まで、御殿場線の検測では国府津まで入線するので、首都圏でも見ることが可能だ。

在来線の機関車

「SLレトロ みなかみ」に運用されるD51 498（上越本線・水上）

▼ JR東日本 D51

旧型客車を牽引するD51 498（信越本線・横川）

諸元 軸配置1D1最大長：19730mm／最大幅：2936mm／最大高：3980mm／動輪径1400mm／製造初年：1935年／製造所：川重、日立、日車、三菱重工、汽車、国鉄工場

　D51形蒸気機関車は、鉄道省（当時）が開発し1935年から製造した標準型貨物用テンダ機関車。45年までに機関車として国内最多となる1115両が製造され、全国に配置された。主に貨物列車や勾配線区の旅客列車用、あるいは補助機関車として運用された。国内で最後の蒸気機関車牽引の貨物列車を担当したのもD51だった。新製時期により3タイプに分類され、一次形（通称ナメクジ）は、煙突後方に給水加熱器・蒸機溜・砂箱を配置し、一体化したカバーで覆われている。

　標準型は、煙突前方に給水加熱器を枕木方向に配置する。

　戦時形は、船底形テンダの採用など、製造工程の簡素化や資材の節約に配慮

されたタイプだ。

　JR東日本が高崎車両センター高崎支所で動態保存する498号機は、40年に鉄道省鷹取工場で新製され、72年に廃車されたのち、群馬県月夜野町（現・みなかみ町）に貸与台されて上越線後閑駅近くで静態保存されていた。

　この車両は88年に整備され、動態保存機として高崎をベースにJR東日本管内の各地で運転されている。

　とくに高崎周辺では、C61形とともに定期的に運転されているため、見る機会が多い。

▼ JR東日本 C61

「SLぐんま みなかみ」に運用されるC61 20（上越線・水上）

 諸元　軸配置：2C2／最大長：20375mm／最大幅：2936mm／最大高：3980mm／動輪径1750mm
／製造初年：1947年／製造所：日車、三菱重工

　C61形蒸気機関車は、第二次世界大戦終結で余剰となった貨物用D51形のボイラー等を流用し、C57形をベースに設計された足回りを新製した旅客用テンダ機関車。1947〜49年に33両が登場した。

　C57形の軸配置は2C1だったが、軸重を抑えるため2C2とした。さらに自動給炭機を装備したため、余裕のある運転が可能となり、東北や九州で特急牽引機に抜擢されることも多かった。

　JR東日本が高崎車両センター高崎支所で動態保存する20号機は、49年に

D51 1094のボイラーを利用し、三菱重工で製造されたものだ。主に東北各地で活躍したあと、73年に廃車となり、群馬県伊勢崎市華蔵寺公園遊園地で静態保存されていたが、整備を受けて2011年から動態保存機となった。復元工事時に自動給炭機を撤去、代わって重油併燃化され、現在の基準に合わせて保安装置等も整備された。

　京都鉄道博物館にはC61形2号機が動態保存されているが、営業運転が可能な状態に整備されておらず、実際に営業列車を牽引できるのは、この20号機のみだ。

▼ JR貨物 M250系

「スーパーレールカーゴ」の愛称をもつ佐川急便の専用列車（八丁畷）

 車体長：先頭車19500㎜、中間車19500㎜／最大幅：2800㎜／最大高：3792㎜／車体：
鋼製車体／制御方式：VVVFインバータ制御／主電動機出力：220kW／制動方式：発電
ブレーキ併用電気指令式空気ブレーキ／台車：ボルスタレス軸梁式軸箱支持空気ばね
台車／製造初年：2003年／製造所：川重、日車

　M250系は、国内で初めて実用化さ
れたコンテナ電車（機関車ではないが、
JR貨物の動力車であるため、こちら
に掲載）。

　最高速度130㎞／hのVVVFインバー
タ制御の直流電車で、2002年の新製後、
試験運転等をくり返したあと、04年3
月から東京貨物ターミナル〜安治川口
間で営業運転を開始した。

　同区間の所要時間は6時間10分強で、
これは東海道新幹線開業前に東京〜大
阪間を結んでいた電車特急よりも速い。

　編成の前後に電動コンテナ車2両の
パワーユニットを配し、付随コンテナ
車14両を挟む4M14Tの編成を組む。

JR貨物初の動力分散式列車でもある。

　佐川急便が一列車すべてを借り上げ
ており、佐川急便が保有する専用31フ
ィートコンテナのみを積載する。この
コンテナは天地寸法が通常のコンテナ
より高く、通常のコンテナ車には積載
できないため、M250系専用となる。

　両先頭車には、当初ヘッドマークが
掲示されていたが、現在はヘッドマー
クではなくシールとなった。早朝・深
夜の発着で夜間のみの走行のため、目
撃するのはなかなか難しい。

JR東日本 EF81

双頭連結器を備えたEF81（東北本線・東十条）

 諸元　軸配置：B-B-B／最大長：18600㎜／最大幅：2900㎜／最大高：4062㎜／制御方式：抵抗制御／制動方式：自動空気ブレーキ／主電動機出力：425kW／製造初年：1968年／製造所：日立、三菱電機・三菱重工

EF81形は、国鉄が1968〜79年に新製した客貨両用交直流電気機関車。直流1500V、交流20000V（50Hz/60Hz）の３種の電化区間が混在する日本海縦貫線（大阪〜青森間を北陸・羽越線経由で結ぶ線区の通称）に対応するために開発された。

その後、黒磯で直流機関車と交流機関車を交換していた東北本線にも投入、常磐線〜関門間の交直流機関車の増備・置換もEF81が担った。JR化後は、日本海縦貫線〜関門間の貨物輸送力増強のため89〜92年にJR貨物が新製している。

機構的には、EF65形直流機関車をベースに交流を直流に変換する機能を付加したと考えればわかりやすく、運転装置は抵抗制御・自動空気ブレーキで構成されている。

現在、JR貨物所属機の運用は九州内のみで、首都圏で目撃できるEF81はJR東日本所属機のみとなる。

EF81登場時の塗装は、国鉄が交直流車の標準色としていた赤13号（ローズピンク）だったが、JR東日本ではEF81を交流機関車と同じ赤２号に変更した。また「北斗星」を担当した田端運転所所属機の一部は、側面に流れ星を描いた「北斗星」塗装になった。さらに「カシオペア」登場に合わせて「カシオペア色」も登場したが、こちらは現存しない。総合車両センター（工

場）に入出場する電車を牽引する機会が多いことから、一部は連結器を双頭連結器に交換している。

現在、EF81の定期運用はなく、臨時列車や総合車両センターへの入出場車の輸送（配球列車）、保線作業の工事列車等を担当する。配置は田端運転所、長岡車両センター、秋田車両センターの3ヵ所に分かれているが、いずれの所属車も首都圏に入線する。また、長岡配置の97号機は、塗色を赤13号に復元されており、レールファンの注目を集めている。

北斗星色のEF81（常磐線・偕楽園）

EF64と重連を組む「スーパーエクスプレスレインボー」塗装のEF81（上越線・上牧〜水上）

▼ JR東日本 EF64

原色塗装に復元されたEF64（中央本線・甲府）

 諸元

軸配置：B-B-B／最大長：18600㎜／最大幅：2900㎜／最大高：4062㎜／制御方式：抵抗制御／制動方式：自動空気ブレーキ／主電動機出力：425kW／製造初年：1964年／製造所：東芝、川崎電機・川車、富士電機・川重、東洋電機・汽車、東洋電機・川重

　国鉄が開発した勾配線区向けの客貨用直流電気機関車。抵抗制御に自動空気ブレーキという仕様で、投入線区の運転環境に配慮して、抑速ブレーキ用に発電ブレーキを併設する。

　0番台は1964～76年に製造され、奥羽本線板谷峠（交流化により中央本線に転属）、中央本線・篠ノ井線、伯備線等に投入された。80～82年には1000番台が製造され、上越線等に投入された。1000番台は、国鉄が新製した最後の機関車となった。

　0番台と1000番台の走行性能に大きな差異がないが、耐雪性能の強化などが行われたため、外観は大きく異なる。

　現在、0番台はJR東日本に1両残

るのみで、あとはすべて1000番台。JR東日本所属車は高崎車両センター高崎支所の配置で、上越線・中央本線方面の工臨・車両輸送の配給列車等を担当する。

　JR貨物所属車は愛知機関区に集中配置され、車両更新色に変更されていた車両も全般検査時の再塗装で国鉄色に復元されている。現在の運用範囲は、伯備線と名古屋周辺、篠ノ井線・中央本線塩尻以西が主体だ。東海道本線経由で首都圏に向かい、鹿島線等を担当する運用が2021年3月まで残っていたが、置き換えられ、関東では見られなくなった。

旧型客車を牽引するEF64 1001（信越本線・群馬八幡）

茶色（ぶどう色2号）に塗装されたEF64 1052（中央本線・甲府）

21年3月で関東から姿を消した、JR貨物のEF64

▼ JR東日本／JR貨物 EF65

「ELレトロ碓氷」運用で旧型客車を牽引するJR東日本EF65 501（信越本線・横川）

 諸元

軸配置：B-B-B／最大長：16500mm／最大幅：2800mm／最大高：3819mm／制御方式：抵抗制御／制動方式：自動空気ブレーキ／主電動機出力：425kW／製造初年：1969年／製造所：東洋電機・汽車、東洋電機・川重、富士電機・川重

　EF65形は、国鉄が開発した平坦線向け直流電気機関車。暖房用熱源を搭載しないため、旅客列車運用では20系と新系列客車に限られる。制御方式は抵抗制御、ブレーキ装置は自動空気ブレーキを搭載する。

　1960年に登場したEF60形は、牽引力に余裕があった反面、速度を抑えた仕様となっていたため、当時の線路条件に見合った牽引力に絞り、速度を向上させた仕様に改め、EF60に代わり65年から量産された。

　68年に寝台特急増発用として0番台の8両に、寝台特急を牽引するため、20系客車の電磁ブレーキ指令用ジャンパ連結器・ブレーキ増圧装置を取り付

け、500番台（P型）に改番した。その後、このP型とは別に高速貨物列車牽引用として、重連総括制御・密着自動連結器・電磁ブレーキ指令機能を追加したF型と呼ばれる500番台が新製された。

　69年から、20系客車と10000系高速貨車の双方に対応し、重連総括運転も可能とした1000番台に移行、JR西日本・JR貨物に現在残存するのは1000番台のみである。

　国交省令改正で100km/h以上で運転する列車では、運転状況記録装置搭載が義務化されたため、JR貨物保有機は100km/h以下で運用することになり、2012年5月に2000番台に改番した。

クリーム色プレート、原色塗装のJR貨物EF65 2101（山陽本線・舞子）

高速運転対応の赤色プレートを付けたJR貨物EF65 2065（東海道本線・熱海）

広島車両所で更新工事を施工したEF65 2127（東海道本線・京都）

白色プレートを付けたJR貨物EF65 2090（東海道本線・函南）

青色プレートを付けたJR貨物EF65 2093（山陽本線・朝霧）

赤色プレートを付けたJR貨物EF65 2183（武蔵野線・吉川）

▼ JR貨物 EF66

原色塗装の0番台二次車。前面窓にひさしが付いている（八丁畷）

諸元

（100番台）軸配置：B-B-B／最大長：18200mm／最大幅：2938mm／最大高：4210mm／制御方式：抵抗制御／制動方式：自動空気ブレーキ／主電動機出力：650kW／製造初年：1989年／製造所：東洋電機・川重、富士電機・川重

　EF66形は、国鉄が高速貨物列車用に開発した直流電気機関車。最高速度100km／hの10000系高速貨車で組成された貨物列車を東海道・山陽本線で牽引するため1968〜75年に新製された。定格出力は、EF65の2550kWに対し3900kWもある。

　85年から編成重量が増大した一部の寝台特急を牽引するようになったため、JR化に際して一部がJR西日本に承継されたが、現在も残るのはJR貨物の27号機のみだ。

　また、JR貨物発足後の89〜91年に、輸送力増強のため100番台33両が新製された。性能はほぼ同一だが、車体は0番台のイメージを踏襲しているものの曲面が多用され、塗装も一新されている。さらに109号機以降は前灯・後部標識灯が角形ケーシングに納められ、車体裾部にラインが追加された。

　EF66で使用されている主電動機は、EF64やEF65とは形式が異なるため、メンテナンス上の問題もあり、早期に廃車されるのではないかとみられている。

JR化に製造された100番台では、正面窓の大型化、傾斜の変更、前照灯・標識灯の並び方など、印象が大きく変わった。現在、丸目の100番台は運用に入っていないようだ（八丁畷）

100番台二次車では、制御機器類や集電装置の変更のほか、保守簡素化のため、前照灯も角型になった（八丁畷）

旧塗装のEF210形0番台（八丁畷）

諸元

（300番台）軸配置：B-B-B／車体長：18600mm／最大幅：2887mm／最大高：3980mm／制御方式：VVVFインバータ制御／制動方式：発電ブレーキ併用電気指令式空気ブレーキ／主電動機出力：565kW／製造初年：2012年／製造所：川重・三菱電機、川車・三菱電機

　JR貨物が開発した汎用タイプの直流電気機関車。1996年に試作機が登場し、98年に「ECO-POWER 桃太郎」の愛称を付けて量産を開始した。

　JR貨物が最初に開発したEF200を活かせる地上設備改修の目処が立たないため、EF66の置換が可能な程度の性能をめざして開発されたVVVFインバータ制御機関車。

　定格出力は3390kWだが、30分定格出力3540kWという能力から、線路条件を考えるとEF66の置き換えは可能

と判断された。

　2000年から主回路をGTO素子の1インバータ2モーター（1C2M）制御からIGBT素子1インバータ1モーター（1C1M）制御に変更した100番台に代わり、さらに12年からは後補機仕業用に連結器緩衝器の性能を向上させた300番台が増備されている。

　当初、300番台の運用範囲は関西以西だったが、20年3月からは、東海道本線を首都圏まで走る運用にも充当されるようになった。

新塗装では側面中央に「ECO-POWER 桃太郎」のロゴが付いている（八丁畷）

旧塗装の100番台（小田栄）

試作機901号機。車体側面のルーバー形状や、昇降ステップの位置が異なる（尾張一宮）

300番台登場当時の塗装（山陽本線・朝霧）

JRFロゴがなく、桃太郎のイラストもない過渡期の塗装（山陽本線・朝霧）

JRFロゴがなく、桃太郎のイラストが描かれた新塗装（山陽本線・朝霧）

▼ JR貨物 EH200

「ECO POWER ブルーサンダー」の愛称をもつEH200（中央本線・長坂〜小渕沢）

 諸元 （量産車）軸配置：(B-B) - (B-B)／車体長：24100mm／最大幅：2800mm／最大高：3798mm／制御方式：VVVFインバータ制御／制動方式：発電ブレーキ併用電気指令式空気ブレーキ／主電動機出力：565kW／製造初年：2003年／製造所：東芝

　JR貨物が直流電化の勾配線区用に開発した直流電気機関車。EF64形重連を単機で置換する性能を確保するため、EF210と同じ主電動機を使用する2車体、8軸機となった。制御装置はVVVFインバータ方式、起動牽引力確保と空転再粘着性能の向上をねらい、1C1M方式を採用した。発電ブレーキ用抵抗器の容量は25‰連続下り勾配での抑速運転を設定して決定した。

　2001年に試作機901号機が登場し、確認試験を経て02年から量産を開始した。901号機には、公募で決定した愛称「ECO POWER　ブルーサンダー」が側面に描かれておらず、正面窓車内側に（量産機にはない）センターピラ

ーがある。

　現在、高崎機関区に配置され、上越線・中央本線のEF64重連運用を置き換えるとともに、高崎線、武蔵野線等の首都圏平坦線にも定期運用をもつ。タンク車を連ねた石油列車の先頭に立つ姿を見かけることも多い。

試作機901号機（東海道本線・鶴見）

▼ JR貨物 EH500

EH500の三次車では車体塗色の赤色が明るくなり、前面の白帯も短くなった（東北本線・大宮）

諸元 （量産車）軸配置：(B-B)-(B-B)／最大長：25000mm／最大幅：2950mm／最大高：3956mm／制御方式：VVVFインバータ制御／制動方式：発電ブレーキ併用電気指令式空気ブレーキ／主電動機出力：565kW／製造初年：2000年／製造所：東芝

　首都圏〜函館貨物間を、機関車交換を行わずに直通運転するためにJR貨物が開発した交直流機関車。

　2車体8軸駆動のVVVFインバータ制御機で、発電ブレーキ併用電気指令式空気ブレーキを採用した。1997年に試作機901号機が登場、各種試験等を行った結果を反映し、2000年から量産を開始した。

　「ECO-POWER 金太郎」という愛称を付けられ、東北本線黒磯以南の直流機、以北のED75重連、青函トンネルのED79重連などを置換した。さらに、EF81重連が担当していた関門間にも投入されている。

　なお、青森〜函館貨物間は、北海道新幹線の開業により、EH800の担当になった。

　量産先行機の1・2号機は、機器配置の一部が変えられたほか、正面窓下部の白帯の位置が下げられ、帯幅が太くなった。

　本格的に量産を開始した3号機以降は、前灯への着雪を減らすため、下部前灯の位置を白帯の位置まで上げ、10号機以降は正面窓周囲の黒色塗装を減らし、正面窓と白帯の間のナンバー下地は赤塗装となった。

一次形 1 号機（東海道本線・西新井）

二次形 4 号機（山手線・恵比寿）

▼ JR東日本 DD51

「DL群馬県民の日」号を牽引するDD51（信越本線・松井田～西松井田）

 諸元

（500番台）軸配置：B-2-B／最大長：18000mm／最大幅：2971mm／最大高：3956mm／
動力伝達方式：液体式／制動方式：自動空気ブレーキ／機関出力：1100PS（2基）／
製造初年：1966年／製造所：日立、川車、三菱重工

　DD51形は、国鉄が非電化幹線用主力機として1962年に製造を開始した液体式ディーゼル機関車。エンジン2台を搭載したセンターキャブ形の車体で、四国を除く全国の非電化幹線・亜幹線に投入され、特急・急行の牽引でも活躍した。

　国鉄により78年までに649両が製造された。JR四国を除くJRグループ各社に継承されたが、現時点で残っているのは、JR東日本に2両、JR西日本に8両、JR貨物に7両のみ。首都圏では、八高線や千葉方面での貨物列車牽引が知られていたが、現在は首都圏での貨物運用はなく、JR東日本が臨時列車用に保有する車両が残るのみ。主に工事列車で使用されている。高崎付近のSL列車でSLに代わってDD51が担当することもある。

▼ JR東日本／JR貨物　DE10・DE11 2000番台

甲種車両輸送列車を牽引するJR貨物塗装のDE10形1500番台（根岸線・山手）

 諸元

（500番台）軸配置：AAA-B／最大長：14150mm／最大幅：2950mm／最大高：3965mm／
動力伝達方式：液体式／制動方式：自動空気ブレーキ／機関出力：1350PS／製造初年：
1969年／製造所：汽車製造、川重、日車、日立

　DE10形は、国鉄が入換用・ローカル線用に開発した液体式ディーゼル機関車。動輪5軸のセミセンターキャブ形の車体に、DD51形と同系列のエンジン1台を搭載する。

　DE11形は、入換用に特化した車両で、DE10形より軸重が大きくなっている。2000番台は、周辺の市街化が進む操車場での入換用として、防音対策を強化した特異な外観が特徴といえる。

　DE10形は、1966～78年に708両が製造され、全国各地で使用された。JR貨物では、後継機となるHD300形、DD200形を開発し、DE10・DE11形の置換が進むが、旅客会社ではJR東海を除く各社に残る。

　首都圏では、JR東日本が工事列車・臨時列車と入換用に、JR貨物が非電化の専用線と入換用に配置されている。

国鉄標準塗装で残るJR東日本所属のDE10形1500番台（東北線・尾久）

防音カバーを装備したJR貨物のDE11 2000番台（東海道本線・相模貨物）

▼ JR貨物 DD200

甲種輸送されるDD200（山陽本線・新長田）

諸元

（試作車）軸配置：B-B／最大長：15900mm／最大幅：2974mm／最大高：4079mm／動力
伝達方式：電気式／制動方式：電気指令式自動空気ブレーキ／機関出力：895kW／製
造初年：2017年／製造所：川車

　HD300形とともにDE10形の代替機
として開発された電気式ディーゼル機
関車。HD300形は入換専用だが、
DD200形は線路規格の低い本線での
貨物列車牽引運用が可能な車両として
開発された。

　大型トルクコンバーター製造の難易
度と保守性を考慮して、液体式ではな
く電気式となった。エンジンはV形12
気筒で出力は895kW（1217PS）、主電
動機出力は160kW。駆動方式は吊り

掛け式で、軸重は14.7トン、最高運転
速度110km／hとしたので、貨物列車併
結の回送時に速度制限が不要となった。

　愛知機関区に集中配置されている
が、新鶴見機関区などに駐在されてい
る。首都圏では今のところ定期運用は
ないが、鶴見線安善の構内入換のよう
に、非電化の構内入換が含まれる運用
や非電化の専用線を発着する臨時運用
で使用される。

JR貨物 HD300

JR貨物が入換戦用機として開発したHD300（高崎線・倉賀野）

 諸元

（量産車）軸配置：B-B／最大長：14300㎜／最大幅：2950㎜／最大高：4088㎜／制御方式：コンバータ＋VVVFインバータ制御／制動方式：回生ブレーキ併用電気指令式空気ブレーキ／機関出力：270PS／主電動機出力：80kW／製造初年：2012年／製造所：東芝

　HD300形は、DE10・11形ディーゼル機関車の入換作業の代替機としてJR貨物が開発したハイブリッド機関車。

　小型小出力の車載ディーゼル発電機による電力と発電ブレーキで発生させた電力を大容量リチウムイオン蓄電池に蓄積し、動力源とする。

　軸配置B-Bのセミセンターキャブ車体で、短いボンネットである2エンド側にエンジン等の発電装置を、1エンド側に主変換装置と蓄電池を搭載する。蓄電池より供給される電力を主変換装置で変換し同期電動機を採用した主電動機を駆動する。

　自走時の最高速度は45㎞/hだが、3‰の勾配区間でコンテナ列車1300トンないしタンク列車1400トンの起動が可能な引き出し性能を有する。なお、無動力回送時は110㎞/h運転が可能なため、高速貨物列車での回送に支障はない。

　首都圏では、相模貨物駅、新座貨物ターミナル、越谷貨物ターミナル、隅田川駅、宇都宮貨物ターミナル、熊谷貨物ターミナル、倉賀野、八王子の入換作業が定期運用となっている。

在来線の
通勤・一般形

E231系近郊タイプと
E233系1000番台

鶴見線用1100番台。鶴見方先頭車は中間電動車の先頭車改造（鶴見線・国道）

諸元 最大長：先頭車20000mm、中間車20000mm／最大幅：2870mm／最大高：4086mm／車体：ステンレス車体／制御方式：界磁添加励磁制御／主電動機出力：120kW／制動方式：回生ブレーキ併用電気指令式空気ブレーキ／台車：ボルスタレス円錐積層ゴム式軸箱支持空気ばね台車／座席：ロングシート／製造初年：1985年／製造所：東急車輛、日立、川重、日車、国鉄大船工場

　1985年に登場した国鉄最後の量産通勤形直流電車。201系、203系で採用した電機子チョッパ制御に代わり、製造コストと運行コストの双方で削減をねらって開発された界磁添加励磁制御を初めて採用している。

　さらに国鉄量産電車初のステンレス車体、ボルスタレス台車、回生ブレーキ併用電気指令式空気ブレーキを装備するなど、新しい技術を多数取り入れた。

　国鉄時代に投入された線区は、山手線と大阪近郊の東海道・山陽本線緩行のみだったが、JR東日本移行後の首都圏でも横浜線・南武線・埼京線・京

浜東北線等に投入が続いた。さらに、俗に「メルヘン顔」と呼ばれる前頭部デザインに変更した編成を、京葉線・武蔵野線に配属した。91年の相模線電化に対応して投入された500番台は、前頭部形状を大きく変更し、側扉を半自動式とした。

　現在、JR東日本に残る205系は、仙石線用3100番台と相模線用500番台、宇都宮地区で運用する小山車両センターの600番台、鎌倉車両センター中原支所の南武支線用1000番台と鶴見線用1100番台。宇都宮地区・相模線の205系は、2022年春までにE131系置き換えが決まっている。

中間電動車の先頭車改造で登場した南武支線用1000番台（南武線・小田栄）

回送のため山手貨物線を走る相模線用500番台（山手線・恵比寿）

湘南色ラインの205系は東北本線宇都宮〜黒磯間と日光線で運用する

前任の107系日光色を継承したクラシックルビーブラウン＆ゴールドラインの編成は増粘着装置を装備する（日光線・鶴田）

日光線用の1編成は、観光電車「いろは」として整備され、2扉セミクロスシート化された（日光線・鶴田）

▼ JR東日本 209系

京葉線系統で運用される500番台。帯色はワインレッド（海浜幕張）

諸元

（500番台）最大長：先頭車20000㎜、中間車20000㎜／最大幅：2950㎜／最大高：3670㎜／車体：ステンレス車体／制御方式：VVVFインバータ制御／主電動機出力：95kW／制動方式：回生ブレーキ併用電気指令式空気ブレーキ／台車：ボルスタレス軸梁式軸箱支持空気ばね台車／座席：ロングシート／製造初年：1998年／製造所：JR東日本新津

209系は、205系に代わる主力通勤形電車として開発された車両。試作車901系が1992年に登場、その成果を生かし、93年から209系の量産が開始された。

ステンレス車体を採用し、メーカーによる構造の差異を容認したため、東急車輛製と川崎重工製では、窓枠隅の丸みや、妻面のビードの有無など細部に違いがある。

JR東日本の量産車で初めてVVVFインバータ制御装置を採用し、軸梁式軸箱支持もJR東日本では初採用となった。

京浜東北・根岸線と南武線に投入された0番台は、すでに置き換えられたが、一部は房総地区転用改造を施工した2000/2100番台やサイクリングトレイン「BOSO BICYCLE BASE」に改造された。

拡幅車体となった500番台は、京葉線・武蔵野線に残るほか、3500番台に改造されて川越・八高線に配属されている。さらに元りんかい線70-000形も3100番台として編入されている。

武蔵野線系統で運用される500番台。側面はオレンジ帯＋黒帯

八高線、川越線の3100番台。帯色はオレンジ色とウグイス色（小宮）

中央・総武緩行線用の209系500番台を改造した3500番台

常磐緩行線から中央快速に転用された1000番台
（東京）

自転車積載が可能なジョイフルトレイン
「BOSO BICYCLE BASE」に運用される209系

房総色の2000番台（総武本線・銚子）

JR東日本所属211系3000番台（信越本線・群馬八幡）

諸元　最大長：先頭車20000mm、中間車20000mm／最大幅：2966mm／最大高：3670mm／車体：ステンレス車体／制御方式：界磁添加励磁制御／主電動機出力：120kW／制動方式：回生ブレーキ併用電気指令式空気ブレーキ、抑速ブレーキ／台車：ボルスタレス円錐積層ゴム式軸箱支持空気ばね台車／座席：セミクロス、ロングシート／製造初年：1985年／製造所：東急車輛、日立、川重、日車、近車

　国鉄が開発したステンレス車体の近郊形直流電車。ボルスタレス台車、界磁添加励磁制御、回生ブレーキ併用電気指令式空気ブレーキを採用した走行装置は、205系をベースに抑速ブレーキを付加したもの。113・115系電車の後継車として1985年に登場し、国鉄分割後もJR東日本、JR東海、JR西日本で製造が続いた。

　JR東日本では増備の途中からグリーン車を2階建て車に変更している。セミクロスシートが標準だった近郊形に新製ロングシート車を投入した形式だ。JR東海が新製した車両はオールロングシート。側面の行先表示装置の表示部サイズが変更されたが、増備途中で元に戻された。

　すでに都心まで乗入れる運用はないが、長野総合車両センター所属車は中央本線立川以西で運用され、高崎車両センター所属車は両毛線・上越線水上以南・吾妻線・信越本線の普通列車の主力車両となっている。新製時はセミクロスシート車が主力だったが、残存車はロングシート車が主力で、グリーン車は残っていない。

　JR東海所属車も、同社在来線で首都圏に乗り入れる、御殿場線と東海道

本線熱海以西の両線で、313系ととも
に普通列車の主力となっている。なお、
同社の首都圏乗り入れの211系はオー
ルロングシートでトイレがない編成。
211系のみで組成された列車に長時間
乗る場合は注意が必要だ。

JR東日本所属211系長野色（中央本線・春日居町）

JR東海所属211系5000番台（東海道本線・三島）

JR東海所属211系5000番台の一
部に見られる行先表示器。標準
タイプの表示器よりも天地寸法
が小さい

JR東日本 E217系

総武快速線を走るE217系（総武本線・亀戸）

 諸元 | 最大長：先頭車20000mm、中間車20000mm／最大幅：2998mm／最高高：4067mm／車体：ステンレス車体／制御方式：VVVFインバータ制御／主電動機出力：95kW／制動方式：回生ブレーキ併用電気指令式空気ブレーキ／台車：ボルスタレス軸梁式軸箱支持空気ばね台車／座席：セミクロス、ロングシート／製造初年：1994年／製造所：川重、東急車輛、JR東日本新津、JR東日本大船工場

　JR東日本が横須賀・総武快速線の113系1000番台置換用に開発した近郊形直流電車。1994年に量産先行車が登場、95年から量産が開始された。

　国鉄-JRの近郊形で初の4扉車で、普通車はロングシートが主体ながら、一部はセミクロスシート車とした。グリーン車は2階建てで回転式リクライニングシートを装備。

　次世代のJR東日本通勤電車として開発された209系をベースに開発されたが、近郊形であることから広幅車体となった。

　また、踏切事故の備えとして、高運転台を採用するとともに、乗務員室にサバイバルゾーンとクラッシャブルゾーンが設けられた。

　さらに品川〜錦糸町間の長大トンネル通過することから前面貫通形としている。増備途中に省令の改正で前面貫通式の必要がなくなったため、1999年1月以降の新製車から非貫通形になったが、どこが変更されたのか、一見したところ、貫通扉の取っ手の有無ぐらいしか違いがないため、見分けにくい。

　2020年12月より、E235系1000/1100番台への置き換えが進行中。

▼ JR東日本 E231系

231系近郊タイプ（山手線・恵比寿）

 諸元　車体長：先頭車19500mm、中間車19500mm／最大幅：2950mm／最大高：3655mm／車体：ステンレス車体／制御方式：VVVFインバータ制御／主電動機出力：95kW／制動方式：回生ブレーキ併用電気指令式空気ブレーキ／台車：ボルスタレス軸梁式軸箱支持空気ばね台車／座席：ロング輪シート／製造初年：2000年／製造所：東急車輛、JR東日本新津

　JR東日本が首都圏の直流区間向けに開発した一般形電車。従来の通勤形と近郊形を同一形式にまとめたVVVFインバータ制御電車で、車体構造等の差異で、大別して通勤タイプと近郊タイプの2タイプが新製された。ステンレス製広幅車体の4扉車で、搭載機器の制御を情報管理システムTIMSで行うことが特徴。

　1998年に209系900番台として試作車が登場。2000年に量産車0番台が登場し、中央・総武緩行線、常磐快速線に投入された。さらに02年には山手線に前頭部デザインをマイナーチェンジした500番台が、03年には裾絞りがない車体幅2800mmのメトロ東西線直通用800番台が新製を開始した。

　E235系の山手線投入により、500番台が中央・総武緩行線へ転出。捻出された0番台は205系置換用に武蔵野線に転用され、さらに3000番台に改造された4連は川越・八高線の205系・209系を置換した。

　一方、東海道・東北・高崎線で運用される近郊タイプは、前頭部にサバイバルゾーンとクラッシャブルゾーンを設けたため、通勤タイプよりも乗務員室が拡大された。また、セミクロスシート車・WC付車・グリーン車の連結がある点も通勤タイプと異なる。

中央・総武線緩行線用0番台（総武本線・阿佐ヶ谷）

常磐線快速用0番台（常磐線・馬橋）

武蔵野線・0番台（武蔵野線・吉川）

中央・総武緩行線用500番台（中央線・阿佐ヶ谷）。0番台とは前照灯まわりのデザインが異なる

川越・八高線用3000番台（八高線・高麗川）

▼ JR東日本 E231系800番台

メトロ東西線直通用231系800番台（中央・総武緩行線・阿佐ヶ谷）

諸元

車体長：先頭車19500mm、中間車19500mm／最大幅：2800mm／最大高：3655mm／車体：ステンレス車体／制御方式：VVVFインバータ制御／主電動機出力：95kW／制動方式：回生ブレーキ併用電気指令式空気ブレーキ／台車：ボルスタレス軸梁式軸箱支持空気ばね台車／座席：ロングシート／製造初年：2003年／製造所：東急車輛、川重

　301系と103系1200番台を使用していた総武中央緩行線の東京メトロ東西線直通列車運用の置換用として、2003年に登場した。拡幅車体を標準とする同系のなかで、唯一裾絞りがない2800mm幅車体を採用する。

　急勾配が多い地下鉄線の条件に適応させるため、基本番代よりも電動車比率が高い6M4Tの編成を組む。また、定速制御および低定速制御機能をもつ。

　前頭部形状は、常磐緩行線用209系1000番台に準ずる形状で、前面非常扉を助士側に設置している。前灯・尾灯を腰板部左右に配置している。このため、助士側の灯具は非常扉に埋め込まれている。

　裾絞りのない車体を採用したため、同一車体で量産する体制をとっているJR東日本新津車両製作所では製造ができないため、東急車輛（現・総合車両製作所横浜事業所）と川崎重工業で製造された7編成が三鷹車両センターに配置され、東西線直通運用で活躍を続けている。

　原則として東京メトロ直通運用にしか使用されないため、千葉までの運用はなく、運用範囲の東端は津田沼、東西線の並行している中央・総武緩行線の中野〜西船橋間では見られない。

▼ JR東日本 E233系

E233系3000番台近郊タイプ（東北本線・東十条）

 諸元

（3000番台）車体長：先頭車19570㎜、中間車19500㎜／最大幅：2950㎜／最大高：3620㎜／車体：ステンレス車体／制御方式：VVVFインバータ制御／主電動機出力：140kW／制動方式：回生ブレーキ併用電気指令式空気ブレーキ、抑速ブレーキ／台車：ボルスタレス軸梁式軸箱支持空気ばね台車／座席：セミクロス/ロングシート／製造初年：2007年／製造所：JT新津、JT横浜、川重、東急車輌、JR東日本新津

　E231系の後継車としてJR東日本が開発した一般形直流電車。通勤タイプと近郊タイプに大別される点はE231系と同様だが、前頭部の衝突事故対策を近郊タイプだけでなく、通勤タイプに取り入れた。

　2006年に中央快速線に投入された通勤タイプ0番台は、普通車へのWC設置が進み、22年度からはグリーン車が組み込まれるため、近郊タイプとの差が縮小することになる。

　ほかの通勤タイプは、1000番台が京浜東北・根岸線用、2000番台がメトロ千代田線直通用、5000番台が京葉線用、6000番台が横浜線用、7000番台が埼京線用、8000番台が南武線用として新製された。さらに0番台1編成が8500番台に改造され、南武線に投入されている。

　東海道本線と東北・高崎線に投入された近郊タイプ3000番台は、07年から新製が始まり、東海道本線では08年から、高崎線では12年から、東北本線では2013年から運用に入った。

　3000番台の配置は小山車両センター、国府津車両センターの2ヵ所。

中央快速・青梅線・五日市線向けの0番台（中央本線・立川〜日野）

京浜東北線・根岸線用1000番台（東北本線・さいたま新都心）

京葉線・外房線・内房線・東金線用5000番台（京葉線・検見川浜）

横浜線用6000番台
（横浜線・菊名）

埼京線用7000番台
（山手線・恵比寿）

南武線用8000番台
（南武線・鹿島田）

　0番台を南武線用に改造した
8500番台。8000番台では列
車番号表示器が前面窓下にあ
るが、8500番台では前面窓
の上部にある

▼ JR東日本 E233系2000番台

E233系2000番台（常磐線・金町）

諸元

車体長：先頭車19710mm、中間車19500mm／最大幅：2770mm／最大高：3640mm／車体：ステンレス車体／制御方式：VVVFインバータ制御／主電動機出力：140kW／制動方式：回生ブレーキ併用電気指令式空気ブレーキ、抑速ブレーキ／台車：ボルスタレス軸梁式軸箱支持空気ばね台車／座席：ロングシート／製造初年：2009年／製造所：東急車輌

　常磐緩行線と東京メトロ千代田線の直通運転用として2009年に登場。

　前任の電機子チョッパ制御アルミ車203系の置換用。千代田線直通のため、E233系0番台などで採用されている拡幅車体とすることはできず、加減速性能など走行性能を向上させている。

　車体はステンレス製で、前頭部は右側にオフセットした位置に非常脱出用の貫通扉を設けている。さらにE233系で唯一、前灯が腰板部に設置されている。制御方式は、VVVFインバータ制御、ブレーキは回生ブレーキ併用電気指令式空気ブレーキを採用している。

　これまでの国鉄・JR東日本車両と同様、小田急線直通運用には充当されていなかったが、16年から小田急線直通が開始された。

▼ JR東日本 E235系

山手線用E235系0番台（東北本線・御徒町）

 諸元　（0番台量産車）最大長：先頭車20000mm、中間車20000mm／最大幅：2950mm／最大高：
3950mm／車体：ステンレス車体／制御方式：VVVFインバータ制御／主電動機出力：
140kW／制動方式：回生ブレーキ併用電気指令式空気ブレーキ／台車：ボルスタレス
軸梁式軸箱支持空気ばね台車／座席：ロングシート／製造初年：2017年／製造所：JT
新津、JT横浜

　首都圏の主力電車であるE233系の後継車としてとして登場した一般形直流電車。通勤形0番台がまず山手線に投入され、続いて217系置換のため、近郊タイプ1000/1100番台の増備が開始された。

　ステンレス車体を採用、E231・E233系近郊形に準じた前面強度とし、乗務員室にクラッシャブルゾーンとサバイバルゾーンを確保するなど、安全性を向上させている。

　制御装置にはSiC素子を使用したVVVFインバータ制御、ブレーキは回生ブレーキ併用電気指令式空気ブレーキを装備。ただし、抑速ブレーキは準備工事にとどまっている。

　E231・E233系近郊形では普通車の一部がセミクロスシート車だったが、E235系1000/1100番台の普通車は、オールロングシートになった。

　第一陣の0番台による山手線E231系置換は2020年1月21日に完了し、同日から全列車E235系になった。続いて20年12月から1000/1100番台で横須賀線・総武快速線の217系の置き換えが開始された。

内房線君津直通運用に入ったE235系1000番台（内房線・五井）

E235系1000番台の２階建てグリーン車（内房線・五井）

常磐線用車両として登場したE501系（常磐線・水戸）

最大長：先頭車20420mm、中間車20000mm／最大幅：2800mm／最大高：4067mm／車体：
ステンレス車体／制御方式：VVVFインバータ制御／主電動機出力：120kW／制動方式：
回生ブレーキ併用電気指令式空気ブレーキ／台車：ボルスタレス軸梁式軸箱支持空気
ばね台車／座席：ロングシート／製造初年：1995年／製造所：東急車輌、川重

　1995年に登場したE501系は、JR東日本が開発した通勤形交直流電車。209系に類似したステンレス車体の4扉車で、コンバータ+VVVFインバータ制御装置を搭載する。ドイツ・シーメンスの音階を奏でるサイリスタ素子の音が話題になったが、更新時に東芝の素子に交換された。

　常磐快速線の103系をE501系で更新し、快速運転区間の延伸も視野に入れての開発だったが、評価が分かれ、97年で増備を終えた。

　その後、常磐線上野口の415系置換は、4扉の近郊形E531系で行うことになり、E501系はWC新設などの改造を行ったうえで水戸方面で運用されることになった。

　現在の運用区間は、土浦〜いわき間で水戸以北での運用が多い。一時あった水戸線での運用は、現在はE531系に置き換えられ、なくなっている。

▼ JR東日本 E531系

常磐線・偕楽園臨時駅付近を走るE531系。下り列車が停車している横を、ホームのない上り線を普通列車が通過する

（3000番台）車体長：先頭車19570mm、中間車19500mm／最大幅：2950mm／最大高：3620mm／車体：ステンレス車体／制御方式：VVVFインバータ制御／主電動機出力：140kW／制動方式：回生ブレーキ併用電気指令式空気ブレーキ、抑速ブレーキ／台車：ボルスタレス軸梁式軸箱支持空気ばね台車／座席：ロングシート・セミクロスシート／製造初年：2015年／製造所：JT横浜、JT新津

　E531系は、JR東日本が開発した近郊形交直流電車。

　E231系をベースとする交直流電車で、交直流近郊形初のグリーン車を組み込み、JR東日本の一般形電車として初めて最高速度130km/hとなった。

　2005年に登場し、07年には上野駅発着の403/415系とE501系の置換が完了、グリーン車の営業を開始した。

　15年に水戸線に残っていた415系1500番台置換用に耐寒性能を強化した3000番台が増備され、17年から東北本線黒磯〜白河間での運用が開始された。

　3000番台では、主電動機空気取入口を側扉戸袋に設けたため、外観ではM車戸袋部上部にルーバーがあり、車内は該当戸袋付近の腰掛下の蹴込みが風道になっている。

▼ JR東日本 E129系

えちごトキめき鉄道への車両譲渡による不足分を担うべく製造されたE129系（上越線・水上）

 諸元　最大長：19570mm／最大幅：2950mm／最大高：3620mm／車体：ステンレス／制御方式：VVVFインバータ制御／主電動機出力：140kW／制動方式：回生・発電ブレンディングブレーキ併用電気指令式空気ブレーキ、抑速ブレーキ／台車：ボルスタレス軸梁式軸箱支持空気ばね台車／座席：セミクロスシート／製造初年：2014年／製造所：JT新津

　E129系は、新潟支社管内の115系を置換するため、2014年に登場した3扉セミクロスシートの一般形直流電車。

　北陸新幹線開業に伴い、並行在来線として第三セクターとして設立された、えちごトキめき鉄道にE127系を譲渡することになったため、不足分を補充するために本系列が開発された。

　ステンレス拡幅車体を採用し、先頭車は運転台寄りの半車がオールロングシート、後位の扉間がボックスシートと中間車は先頭車寄りがオールロングシート。

　VVVFインバータ制御方式で、屋上には抑速ブレーキ用抵抗を搭載、回生・発電ブレンディングブレーキ併用電気指令式空気ブレーキを採用する。

　全電動車になっているが、電動台車は片側のみとする、いわゆる0.5M方式を採用するため、MT比は1：1である。

　運用区間は信越本線・新潟〜直江津間、羽越本線・村上〜新津間、白新線全線、越後線全線、弥彦線全線と、上越線・水上〜宮内間。

　上越線水上以北で運用されるため、わずかな区間であるが、首都圏内の水上〜清水トンネル間で上越国境を越えてきた姿を見ることができる。

▼ JR東日本 E131系

千葉方面に投入されたE131系0番台（内房線・君津）

諸元

（0番台）車体長：19500mm／最大幅：2950mm／最大高：3620mm／車体：ステンレス車体／制御方式：VVVFインバータ制御／主電動機出力：150kW／制動方式：回生・発電ブレーキ併用電気指令式空気ブレーキ、抑速ブレーキ／台車：ボルスタレス軸梁式軸箱支持空気ばね台車／座席：セミクロスシート／製造初年：2020年／製造所：JT新津

　2021年から営業運転を開始した一般形新型直流電車。

　快適性向上のため広幅車体を採用した4扉セミクロスシート車。SiC素子を主回路に採用したVVVFインバータ制御を採用している。

　投入区間は、内房線木更津〜安房鴨川間、外房線上総一ノ宮〜安房鴨川間、鹿島線佐原〜鹿島神宮間。2連12編成、計24両が投入された。

　その後、オールロングシート、WC

なしの500番台を相模線に投入し、205系500番台を置き換えることが発表された。さらにオールロングシート、WC付きで日光線の急勾配対策を施された600番台を宇都宮地区に投入し、205系600番台を置き換えることが発表された。

　相模線の500番台は11月より順次運用を開始している。宇都宮地区の600番台は、22年春に運用に入る予定。

2021年11月より営業運転を開始した相模線用131系500番台（協力：エリエイ、撮影：前里孝）

2022年春より営業運転を開始する予定の宇都宮エリア用131系600番台（協力：エリエイ、撮影：前里孝）

▼ JR東日本 EV-E301系

JRグループで初めて実運用された、リチウムイオン蓄電池動車「ACCUM」（東北本線・宇都宮）

 諸元

車体長：19500mm／最大幅：2800mm／最大高：3620mm／車体：ステンレス車体／制御方式：VVVFインバータ制御／制動方式：回生ブレーキ併用電気指令式空気ブレーキ、抑速ブレーキ／台車：ボルスタレス軸梁式軸箱支持空気ばね台車／座席：ロングシート／製造初年：2014年／製造所：JT横浜

　EV-E301系（愛称ACCUM＝アキュム）は、大容量リチウムイオン蓄電池を搭載した蓄電池駆動電車。

　電化区間では、架線から取り入れた電力で走行しながら蓄電池に充電し、非電化区間では蓄電池の電力で走行する。終端駅に充電用架線を装備し、充電するケースもある。充電には、架線からの電力だけでなく、減速時等の回生ブレーキで発生した電力も用いる。

　ステンレス車体の３扉オールロングシート車。蓄電池走行のため車体軽量化に注力し、軽量穴の追加や部材のアルミ製化も実施されている。

　ユニットを組む２両とも電動車だが、主電動機を装架する台車は片側のみであるため、実質的には１Ｍ１Ｔとなる。

　2014年に量産先行車１編成２両が烏山線に投入され、17年には量産車も投入され、同線全列車の置換が完了した。

　烏山線運用での充電は、回生ブレーキ時を除けば、宇都宮～宝積寺間の架線集電時と、烏山駅に設置された剛体架線の充電装置による急速充電の２種がある。

▼ JR東日本 キハ110系

片運転台車のキハ111形とキハ112形（高崎線・高崎）

 （キハ111型200番台）最大長：20500mm／最大幅：2928mm／最大高：3940mm／車体：普通鋼製車体／機関形式：DMF14HZA／機関出力420PS／伝達方式：液体式／制動方式：電気指令式空気ブレーキ、機関ブレーキ、コンバータブレーキ／台車：ボルスタレスロールゴム式軸箱支持空気ばね台車／座席：セミクロスシート／製造初年：1993年／製造所：新潟鐵工所、富士重工

　非電化ローカル線の国鉄型ディーゼルカーを置換するため、JR東日本が開発した新型ディーゼルカー。1990年に登場。軽量化に留意した設計の鋼製車体の2扉車である。

　一般形だが、冷房付きで登場したため固定窓となった。側扉はプラグドアを採用したが、200番台は引き戸に変更された。

　首都圏では水郡線にも投入されたが、すでにキハE130系に置き換えられ、現在は八高線高麗川以北の非電化区間用として高崎車両センター高崎支所にセミクロスシートの200番台が21両配

置されている。

　密着連結器や電気指令式空気ブレーキを採用するなど国鉄型ディーゼルカーとの混結は考慮しない設計となった。

　また、足回りもボルスタレス台車の採用やカミンズ製直列6気筒の420PS大馬力エンジンを搭載したため、電車並みの加速が可能になるなど、国鉄形ディーゼルカーから格段の進歩を遂げた。

　ローカル線用16m級車体のキハ100系と、20m級車体のキハ110系の2系列が開発され、関東地方ではキハ110系が投入されている。

▼ JR東日本 キハE130系

水郡線用に投入されたキハE130系0番台（水戸）

諸元

（0番台）最大長：20000mm／最大幅：2920mm／最大高：3620mm／車体：ステンレス車体／機関形式：DMF15HZA機関出力450PS／伝達方式：液体式／制動方式：電気指令式空気ブレーキ、機関ブレーキ、排気ブレーキ／台車：ボルスタレス軸梁式軸箱支持空気ばね台車／座席：セミクロスシート／製造初年：2006年／製造所：新潟トランシス、東急車輌

　2006年に登場したキハE130系は、比較的需要が高い非電化ローカル線用として、JR東日本が開発した新型ディーゼルカー。

　ステンレスの広幅車体を採用した3扉車で、側扉は両開き、側窓は上部下降式二段窓と固定窓の組み合わせとなっている。側窓のガラスは、紫外線100％カットのIRカットガラスを採用し、カーテンレス仕様となった。

　両運転台車はキハE130形、片運転台車はWCの有無でキハE131・キハE132形に分類される。

　座席配置は、通路幅を広く取るため

に1-2列のボックスシートを採用したセミクロスシート。ただし、キハE130形100番台はオールロングシートでWCはない。首都圏での配置は、水郡線と久留里線（キハE130形100番台）のみとなっている。

　エンジンは、直列6気筒の小松製作所製SA6D140をベースにした450PSのDMF15HZを搭載。空調装置等を電車と同一仕様にして保守性を向上させている。

　キハ110系と同様、密着連結器や電気指令式ブレーキを採用したため、従来型のディーゼルカーとの連結はでき

ないが、０番台はキハ110系と混結可能な仕様となっている。

一方、100番台では併結機能が省略されている。また、100番台は暖地仕様のため、スノープロウが廃止され、排障器とされている。

水郡線用キハE131形（水郡線・水戸）

久留里線用キハE130形100番台（久留里線・木更津）

▼ JR東海 313系

313系2500番台（東海道本線・三島）

 諸元

（2500番台）**車体長**：先頭車19670mm、中間車19500mm／**最大幅**：2978mm／**最大高**：
3630mm／**車体**：ステンレス車体／**制御方式**：VVVFインバータ制御／**主電動機出力**：
185kW／**制動方式**：回生ブレーキ併用電気指令式空気ブレーキ・抑速ブレーキ／**台車**：
ボルスタレス円錐積層ゴム式軸箱支持空気ばね台車／**座席**：ロングシート／**製造初年**：
2006年／**製造所**：近車

　313系はJR東海が開発した近郊形直流電車。特急型373系をベースとして開発され、1999年に登場した。JR東海の電化区間全線に入線が可能。

　VVVFインバータ制御のステンレス車体3扉車で、投入線区に合わせてさまざまな座席配置の車両が新製された。

　首都圏まで乗り入れるのは、静岡車両区配置の313系。JR東日本への直通運用はないが、JR東海とJR東日本の境界駅である東海道本線熱海・御殿場線国府津まで運転される。

　座席は2300・2350・2500・2600番台はロングシート、3000・3100番台はボックスシートを使用したセミクロスシートを採用。なお、2300・2350・2600・3000・3100番台は、列車密度が低い線区での回生ブレーキ失効に備え、発電ブレーキも装備する。

　座席配置や機器の関係で番台区分は細かく分かれているが、外観上の相違は、パンタグラフの搭載数（1基または2基）ぐらいしかない。

▼ JR東海 373系

普通列車として熱海まで乗り入れる373系（東海道本線・熱海）

 諸元　最大長：先頭車21300mm、中間車21300mm／最大幅：2947mm／最大高：4020mm／車体：ステンレス車体／制御方式：VVVFインバータ制御／主電動機出力：185kW／制動方式：回生・発電ブレーキ併用電気指令式空気ブレーキ、抑速ブレーキ／台車：ボルスタレス円錐積層ゴム式軸箱支持空気ばね台車／座席：回転リクライニング/固定クロス／製造初年：1995年／製造所：日車、日立

　373系は1999年に汎用特急タイプとしてJR東海が開発した直流電車。

　VVVFインバータ制御のステンレス車で、特急形ながら両開きの2扉車仕様。回転式リクライニングシートを備えるが、車端部はボックスシートのセミコンパートメントとなっている。側窓を大きくとっているため、JR東海の他の特急型車両とともに「ワイドビュー」の愛称をもつ。

　急行「富士川」「東海」の165系を置き換えて特急化し、「大垣夜行」の通称で知られていた全車指定の夜行快速「ムーンライトながら」（東京～大垣間の夜行普通列車に代わって設定された）にも投入された。

　東京まで乗り入れていた時代は間合い運用で、東海道本線東京口の普通列車でも使用されていた。

　現在残る特急運用は、身延線「ふじかわ」と飯田線「伊那路」のみとなった。静岡地区でのホームライナー運用が増えている。快速「ムーンライトながら」も廃止されたため、東京乗り入れもなくなったが、普通列車として1往復だけ熱海まで乗り入れている。

沿線のアジサイが名物の箱根登山鉄道

第2部
群馬の中小私鉄

上信電鉄
上毛電気鉄道
わたらせ渓谷鐵道

上毛電気鉄道700形

上信電鉄

本社所在地：高崎市鶴見町51
設立：1895（明治28）年12月28日
開業：1897（明治30）年5月10日
線路諸元：軌間1067mm／直流1500V

路線：上信線／計33.7km（第一種鉄道事業）
車両基地：高崎車両区
車両数：29

||||||||||||||||||||||||||||||||||||||||||||||||||||||||

● 会社概要

高崎と下仁田を結ぶ上信電鉄は、762mm軌間の蒸気鉄道として1897（明治30）年5月10日に高崎〜福島（現・上州福島）間で開業した。これは、関東地方に現存する私鉄では最古の路線となる。順次延伸し、同年9月10日に下仁田まで全通している。

その後、長野県までの延伸を計画し、社名を上野鉄道から上信電気鉄道に改称。さらに改軌・電化も行ったが、路線延長は実現しなかった。なお、64年に社名を上信電鉄に改称している。

50〜60年代には上野〜下仁田間の臨時列車も運転されたが、高崎線との直通は廃止され、70年代後半から信号所の新設や軌道強化などの近代化が進められた。優等列車の新設によるスピードアップも行われたが、現在では優等列車は廃止され、新駅設置などによる利便性向上が進められている。

● 車両概要

地方中小電化私鉄の多くが、大手私鉄からの譲渡車で占められていることが多いなか、比較的自社発注車が多い点が特徴といえる。1964年から自社発注のカルダン車200形を9両投入し、76年には1000形3両を新造しているし、81年には自社発注の250形2両、初の冷房車6000系2両も投入した。さらに2013（平成25）年には7000形2両も投入されている。地方私鉄で1970年以降に自社発注電車をこの規模で投入したのは珍しい。

自社発注車は、タブレット交換時の利便性を考慮して右側運転台であることが特徴だったが、最新の7000形は左側運転台になった。また、1000形以降の自社発注車は、電車製造の実績が少ない新潟鐵工所、同社の後裔である新潟トランシスに発注していることも知られている。

このように電車の更新に熱心な一方、電気機関車は電化当時にドイツから輸入したシーメンス・マン製デキ1形を使い続けてきた。84年の貨物輸送廃止後も保線作業用に2両を現役のまま残し、一時はイベント運転もよく実施された。最近は本線走行があまり見られないが、車両基地公開時にはレールファンの注目を浴びている。

▼ 上信電鉄 250形

登場時の塗色に戻される前の251

諸元　最大長：20000mm／最大幅：2850mm／最大高：4140mm／車体：鋼製車体／制御方式：抵抗制御／主電動機出力：100kW／制動方式：自動空気ブレーキ／台車：軸ばね式空気ばね台車／座席：ロングシート／製造初年：1981年／製造所：新潟鐵工所

　250形は、1981年に新潟鐵工所で2両新製された両運形電車。

　先にワンハンドル形マスコンや発電ブレーキを装備し、独自デザインの車体をもつ1000形がデビューしていたが、200形との併結運転を考慮し、発電ブレーキを併用しない自動空気ブレーキを採用している。

　登場当時は200形1M1Tでは出力不足で、列車のスピードアップを図ったダイヤでは走れなかったため、250形を増結した3両編成を組んでいた。それゆえ、オーソドックスな貫通形の前頭部を採用している。なお、車体形状はオーソドックスだが、塗装は1000形に準じた特徴あるデザインだった。

　登場時は非冷房車だったが、251は200形クハ303とともに気動車への搭載例が多かったセパレート形クーラーを97年に搭載。一方252は2003年に1000形クハ1301とともに集約分散式クーラーを搭載し、全車冷房化された。

　なお、19年にクハ303が運用を離脱し、251は予備車となり、単行運転を意識したデザインの登場時の塗装に戻された。同じく予備車だった200形205と組んで営業運転を行うこともあったが、205も運用離脱したため、営業列車に充当される機会は少ないと思われる。

登場時の塗装を復元した252

塗装変更前の252と編成を組む1000形1301

▼ 上信電鉄 500形

第1編成はラッピング電車「ぐんまちゃん列車」

諸元　最大長：20000mm／最大幅：2881mm／最大高：4065mm／車体：鋼製車体／制御方式：抵抗制御／主電動機出力：150kW／制動方式：発電ブレーキ併用電磁直通空気ブレーキ／台車：ペデスタル式（軸ばね）空気ばね台車／座席：ロングシート／改造初年：2005年／製造所：西武車両

　500形は、2005年に譲渡を受けた西武新101系電車（289+290、293+294）。

　前頭部形状などを東急車輛（当時）で見直した西武新101系の第一陣だ。西武101系は、山岳路線である西武秩父線開業に備え1969年に登場した20m級3扉車で、西武を代表する通勤車として82年まで増備が続いた。譲渡を受けた車両は、東急車輛が1979年に製造したものだ。

　上信電鉄入線に当たり、ワンマン運転改造・内装

のリニューアル・塗装変更などの工事を西武鉄道武蔵丘検修場内の西武車両で施工した。

第2編成はマンナンライフの全面広告電車

ツートンカラーの第1編成

 諸元　最大長：20000㎜／最大幅：2807㎜／最大高：4082㎜／車体：鋼製車体／制御方式：抵抗制御／主電動機出力：120kW／制動方式：発電ブレーキ併用電磁直通空気ブレーキ／台車：ウイングばね式空気ばね台車／座席：ロングシート／改造初年：2019年

　700形は、2017年に譲渡を受けたJR東日本107系100番台を改造した電車。6編成12両が入線し、現在5編成が改造され運用に入っている。

　JR107系は、廃車された国鉄165系急行形電車の台車、主電動機、ブレーキ制御機器、クーラーなどを流用し、新製した車体と組み合わせて新製した3扉ロングシートの直流電車だ。日光線用に0番台、吾妻・両毛線用に100番台が改造された。

　上信電鉄入線にあたってワンマン運転対応改造が行われたほか、使用予定がない電気連結器の撤去、WCの閉鎖などが行われた。

　編成ごとに塗装が異なり、第1編成はアイボリーと緑のツートンカラー。第2編成と第3編成はともに全面広告車で、それぞれ下仁田ジオパーク、群馬サファリパークのラッピングが施されている。第4編成はJR107系100番台復刻塗装、第5編成は旧上信電鉄標準塗装となっている。

下仁田ジオパークの全面広告の第2編成

群馬サファリパークの全面広告の第3編成

上信電鉄の旧標準塗装の第5編成

JR東日本時代の107系100番台。700形第4編成の塗装は、この塗装に準じている

現在は全面広告電車となった1000形

諸元　最大長：20000mm／最大幅：2869mm／最大高：4169mm／車体：鋼製車体／制御方式：抵抗制御／主電動機出力：100kW／制動方式：発電ブレーキ併用電気指令式電磁直通空気ブレーキ／台車：軸ばね式軸箱支持空気ばね台車／座席：ロングシート／製造初年：1976年／製造所：新潟鐵工所

　ローカル私鉄が自社発注車を導入することが珍しくなっていた1976年、群馬県の補助金を活用して新製された車両。3連1編成が発注された。

　大型一枚窓を採用した非貫通式の先頭部形状やアイボリーの車体に黄色のストライプを入れた塗装、同社初のワンハンドルマスコン、空気ばね台車の採用などが注目を集め、中小私鉄では珍しいことに鉄道友の会のローレル賞を受賞した。

　高評価の車両だったが、次第に非冷房であることや3両固定編成の輸送力を持て余すようになったことがネックになった。

　このため、クハ1301の運転台を中間電動車モハ1201に移設して2両編成化するとともに冷房化した。また、運転台を失ったクハ1301には200形の運転台を非貫通式としたような形状の運転台を新設し、主に250形とペアを組むようになった。

▼ 上信電鉄 6000形

群馬日野自動車販売の全面広告電車となっている6000形

諸元　最大長：20000mm／最大幅：2850mm／最大高：4140mm／車体：鋼製車体／制御方式：
抵抗制御／主電動機出力：100kW／制動方式：発電ブレーキ併用電気指令式電磁直通
空気ブレーキ／台車：軸ばね式空気ばね台車／座席：ロングシート（2005年改装）／
製造初年：1981年／製造所：新潟鐵工所

　6000形は、群馬県の近代化補助金により、1981年に2両1編成が新製された。

　1000形に引き続き、電車製造の実績が少ない新潟鐵工所で製造された。形式名の「6000」形は、昭和56年製造にちなむ。

　主電動機は1000形と同一のモータを採用し、歯車比も同一であるため、ほぼ同等の性能をもつ。

　運転席は、タブレット閉塞時代の利便性を考慮した右側運転台を踏襲している。

　ブレーキは1000形に引き続き、全電気指令ブレーキを採用したが、メーカーが日本エアブレーキ（現・ナブテスコ）から三菱電機製に変更している。

　1000形とよく似た非貫通大型1枚窓の前面形状を採用し、同社初の冷房車となった。両開きドアの3扉車で、座席は中ドアを境とする固定クロスシートとロングシートの千鳥配置で登場したが、2005年に全ロングシート化された。

　新製時、クロスシート部の側窓は2連ユニット窓を採用したため、窓の配置から、かつてセミクロスシートだったことが窺える。

▼ 上信電鉄 7000形

上野三碑ラッピングで走る7000形

 諸元　車体長：20500mm／最大幅：2800mm／最大高：4076mm／車体：普通鋼製車体／制御方式：VVVFインバータ制御／主電動機出力：190kW／制動方式：回生発電ブレーキブレンディング制御併用電気指令式空気ブレーキ／台車：ボルスタレス円錐ゴム式軸箱支持空気ばね台車／座席：セミクロスシート／製造初年：2013年／製造所：新潟トランシス

　7000形は、32年ぶりに新製した新形式車。群馬県と沿線自治体の援助金を2年がかりで受け、2連1編成が登場した。

　3扉セミクロスシート車で、編成はMc+Tcの2連。前頭部は非貫通2枚窓、左手操作のワンハンドルマスコンを備える。側扉間に2組のボックスシートを備え、戸袋部と車端部にはロングシートが設置されている。

　同社では、1973年までタブレット閉塞が使用されていたため、同社の自社発注車ではタブレットの受け渡しを考慮して右側運転台を採用していたが、本形式では一般的な左側運転台となっている。

　同社初導入となるVVVFインバータ制御・全閉外扇式三相誘導電動機、ボルスタレス台車を採用し、大手私鉄と比べても遜色がないレベルの車両だ。列車密度が低い区間での回生失効に備え、発電ブレーキの抵抗器を搭載し、回生・発電のブレンディング制御を行う。

　塗装デザインは、沿線の高校・専門学校からの提案を利用者による投票で決定した。

▼ 上信電鉄 デキ1・3

イベントで高崎車庫に展示中のデキ1

 諸元　軸配置：B-B／最大長：9180mm／最大幅：2657mm／最大高：3873.5mm／制御方式：抵抗制御／制動方式：自動空気ブレーキ／主電動機出力：50kW／製造初年：1924年／製造所：シーメンス・マン

　1924年の改軌・電化に合わせドイツから輸入された電気機関車。機器類は

デキ1が輸入機関車であることを示す銘板

シーメンス、車体はマンが製造した。

　入線以来、94年の貨物営業終了まで貨物列車牽引の主力として活躍し、工事列車も担当した。また、国鉄から直通する臨時客車列車やレールファン向けのイベント列車など旅客列車牽引も担った。

　ATS搭載やパンタグラフの交換などが行われているが、輸入当時の外観を保っており、86年に鉄道友の会のエバーグリーン賞（長年にわたり活躍し、かつ現役または保存されている鉄道車両を対象とする賞）を受賞している。

▼ 上信電鉄・番外編　ED31

高崎車庫に留置されているED31 6

　伊那電気鉄道（現・JR東海飯田線北部）が軌道から地方鉄道に改修した1923年に新製した車両。伊那電気鉄道の国有化に伴い、ED31に改形式が行われた。電気機器は芝浦製作所（現・東芝）、車体は石川島造船所（現・IHI）の製造だった。

　1～5号機は、払い下げられた近江鉄道で廃車となるまで原形の凸型車体で使用されたが、上信電鉄に払い下げられた6号機は、箱型車体に改造され、廃車された電車から流用したシーメンスの電気機器に交換された。このため、近江鉄道への譲渡車と同一形式とは思えない。

　高崎～南高崎のセメント列車に使用されていたが、セメント輸送が終了したため、休車となった。現在も車籍はあるが、ATSを搭載しておらず、本線での運転はできない。

廃車になるまで製造時の外観をとどめていた近江鉄道のED31

上毛電気鉄道

本社所在地：前橋市城東町4-1-1
設立：1926（大正15）年5月27日
開業：1928（昭和3）年11月10日
線路諸元：軌間1067mm／直流1500V

路線：上毛線／計25.4km（第一種鉄道事業）
車両基地：大胡電車庫
車両数：17両

||||||||||||||||||||||||||||||||||||||||||||||||||||||

● 会社概要

　群馬県の県庁所在地・前橋市と桐生市を結ぶ上毛電気鉄道は、伊勢崎経由のために迂回ルートとなった現・JR東日本両毛線を短絡するルートとして赤城山麓に建設された。軌間1067mm・直流1500Vの電化鉄道として、1928（昭和3）年11月10日に開業した。

　本路線の免許取得と同時に大胡〜伊勢崎〜本庄間の免許を得ており、当時建設が予定されていた坂東大橋（現・国道462号）は鉄道併設橋で建設されたが、のちに線路予定部は道路に転用されている。

　開業当初は他社との接続が一切なかったが、開業前に足尾線（現・わたらせ渓谷鉄道）大間々と新大間々（現・赤城）を仮設線で結び、車両を搬入している（この仮設線跡は道路になっている）。その後、32年に東武桐生線が延伸され、新大間々で接続した。この結果、貨車の乗り入れが開始され、東武浅草から中央前橋への乗り入れを行った時期もあった。

　創業当時は、主に地元と電力会社が出資していたが、現在は東武鉄道の連結子会社だ。

● 車両概要

　開業時の車両は自社発注の新車だったが、新車の増備はなく、他社からの譲渡車が増えた。旧西武車が主力の時代、旧東武車が主力の時代を経て、冷房化を図るために導入した旧京王3000系にほぼ統一された。

　なお、創業時から貨車牽引は電車で行っており、機関車を保有したことはない。可動状態で大胡電車庫に保存されているデキ3021は、東急からの譲渡車だが、営業運行を目的とする譲受ではないため、保有車として車籍を与えられたことはない。

イベントでの構内運転時に客車代わり使用されるデハ104

▼ 上毛電気鉄道 700形

ロイヤルブルーの第2編成

 諸元　最大長：18500㎜／最大幅：2866㎜／最大高：4200㎜／車体：ステンレス車体／制御方式：抵抗制御／主電動機出力：100kW／制動方式：発電ブレーキ併用電磁直通ブレーキ／台車：軸ばね式空気ばね台車／座席：ロングシート／改造初年：1998年／製造所：京王重機整備

700形は、1999〜2000年に譲渡を受けた旧・京王3000系。

当時の同社の車両はすべて金属車体だが、吊り掛け駆動の非冷房車である300形（旧・東武3000系）、350形（旧・東武3050系）で統一されていた。このため、機器の老朽化対策やサービス向上を目的として、地元自治体から近代化補助を受けて全車が置き換えられた。

同社初のカルダン車で、初の冷房車となった。制御電動車がない形式であるため、制御車の電装や、京王重機整備で中間電動車の先頭車化などの改造工事が行われたのちに入線した。

なお、712は京王時代の事故復旧工事により軽量構造が採用されたため、ビードがわずかに少ない。

京王3000系の特徴であった、前面窓回りのFRP部分のカラーリングを編成によって変えるという伝統を受け継いでいる。

種車の違いにより、分散式冷房装置を搭載する車両と、集中式冷房装置を搭載する車両がある。また、中間車に運転台を新設した車両は、正面上部はFRPだが、下部はステンレスではなく、普通鋼が使われている。

フェニックスレッドの第3編成

サンライトイエローの第4編成

ジュエルピンクの第5編成

パステルブルーの第6編成

ミントグリーンの第7編成

ゴールデンオレンジの第8編成

▼ 上毛電気鉄道 デハ101

恒例の新春イベントで運転されるデハ101

諸元 車体長：15000mm／最大幅：2732mm／最大高：4086mm／車体：普通鋼車体／制御方式：抵抗制御／主電動機出力：74.6kW／制動方式：非常弁付直通空気ブレーキ／台車：釣り合い梁式コイルばね台車／座席：ロングシート／製造初年：1928年／製造所：川車

デハ101は、同社開業に合わせて川崎車輌で新製された電車だ。

製造当時はまだ少数派だった、コロ軸受と枕ばねにコイルばねを使用する台車が採用された。コロ軸受は、戦争の関係でベアリングが入手難となった時代に平軸受化された。

1950年には3扉を2扉に改造するとともに自動扉化し、58年には貫通扉を新設した。

貨物列車用として残されていたが、86年に定期貨物が廃止。97年には通学列車運用も廃止され、イベント用に残された。

イベント用車両として、2008年の全検時に塗色をぶどう2号に変更、室内灯を蛍光灯からグローブ球に変更するとともに、方向幕取り外しなど登場時のイメージに近づける改装が行われた。

登場時の面影をよく残し、おわん型のベンチレーターを備えた半鋼製車体の吊り掛け駆動電車が本線走行を行うため、レールファンに人気が高い。

▼ 上毛電気鉄道・番外編　東急 デキ3021

イベント時に大胡車庫構内を走るデキ3021

　上毛電気鉄道では、以前設定されていた貨物列車も電車牽引で運転している。電気機関車を保有した実績はないが、東急電鉄で余剰となった工場内入換用のデキ3021を譲渡され、大胡車庫で動態保存している。

　デキ3021は、東京横浜電鉄（現東急電鉄）がデキ1として1929年に川崎車輛から購入した小型電気機関車。製造当初から複電圧対応の機器が使用されていた。

　42年5月にデキ3020形3021号に改番された。元住吉区に配置され、多摩川の砂利輸送や田園調布〜菊名間の貨物列車、工事列車で使用されたのち、長津田工場の入換機関車となっていた。

わたらせ渓谷鐵道

本社所在地：みどり市大間々町大間々 1603-1

設立：1988（昭和63）年10月25日

開業：1989（平成元）年3月29日

線路諸元：軌間1067mm／非電化

路線：わたらせ渓谷線／計44.1km（第一種鉄道事業）

車両基地：大間々検修庫

車両数：15両

|||||||||||||||||||||||||||||||||||||||||||||||||||||||

● 会社概要

　わたらせ渓谷鐵道は、群馬県にあるJR東日本両毛線桐生駅を起点として、栃木県日光市足尾町にある間藤駅を終点とする、非電化の第三セクター鉄道。

　足尾線は、足尾銅山を買収した古河財閥創始者の古河市兵衛が、輸送手段の強化を図るために計画した鉄道が母体。1914（大正3）年に足尾本山（貨物駅）まで全通させた。全通目前の13年には鉄道院が全線を借り上げ、1918年に国が買収した。

　足尾銅山は73（昭和48）年に閉山したが、精錬所は残されたため、貨物列車が残された。しかし、86年に古河鉱業の貨物輸送がトラックに転換されると貨物列車は廃止され、貨物専用だった間藤〜足尾本山間は休止になった。

　87年に第三セクターを設立して鉄道を存続させることが決定し、わたらせ渓谷鐵道が発足、89（平成元）年3月29日に開業した。

　休止中の間藤〜足尾本山間も未開業線として承継したが、経済情勢の変化で旅客線としての再開を断念。期限までに工事施工認可申請を行わなかったため、免許は98年に失効した。

　社名のとおり、渡良瀬川の渓谷に沿う路線であるため、見応えのある車窓を楽しめる。さらに日光方面に向かう観光客のルートにもなっているため、トロッコ列車などの観光列車に力を入れている。現在は自社のトロッコ客車を使用する「トロッコわたらせ渓谷号」とディーゼルカーを使用する「トロッコわっしー号」の運転を行っている。

● 車両概要

　開業にあたり、富士重工のLE-Car IIシリーズの「わ89-100・200形」5両とLE-DCシリーズの「わ89-300形」2両を新製したが、老朽化のため、すでに全車廃車となっている。

　JR東日本からトロッコ車両を借用してトロッコ列車の運転を開始したが、借用ができなくなったため、自社のトロッコ列車を投入している。その後、

JR東日本からお座敷客車「やすらぎ」を譲り受けて「サロン・ド・わたらせ」として運転していたが、すでに廃車された。

　一般客用は、わ89形の老朽化が進行したため、新潟鐵工所のNDCシリーズの流れを汲む新潟トランシスの軽快気動車でリプレースを行っている。

▼ わたらせ渓谷鐵道 わ89-310形

相老駅で停車中のわ89-310形

諸元

最大長：16500mm／最大幅：2800mm／最大高：4085mm／車体：普通鋼車体／機関形式：PE6H03／機関出力：250PS／伝達方式：液体式／制動方式：非常弁付直通ブレーキ／台車：軸ばね式空気ばね台車／座席：セミクロスシート／製造初年：1990年／製造所：富士重工

　わたらせ渓谷鐵道は、開業直後の89年5月に発生した落石事故で1両が廃車となったため、その代替車を含めて90年から5両を新製した。同社が開業時に導入した車両としてはオールロングシート車もあったが、観光客の利用を考慮し、WC付のセミクロスシート車とした。

　富士重工のLE-DCシリーズであり、レールバスと呼ばれることもあるが、車体構造に鉄道車両の手法を取り入れていることから、車体構造にバスの手法を取り

入れたレールバスLE-Car IIシリーズ（わ89-100・200形）とは異なる車両だ。

　現在は新型車への置き換えが進み、残存する車両は2両となった。

わ89-310形の車内

▼ わたらせ渓谷鐵道 WKT-500/WKT-510/WKT-520形

各車両の愛称は、WKT-501＝けさまる、WKT-502＝わたらせ、WKT-511＝あかがね、WKT-512＝たかつど、WKT-521＝あづま、WKT-522＝こうしん

諸元 （WKT-500）車体長：18500mm／最大幅：2800mm／最大高：4038mm／車体：普通鋼車体／機関形式：DMF13HZ／機関出力：330PS／伝達方式：液体式／制動方式：電気指令式空気ブレーキ、機関ブレーキ、リターダ／台車：ボルスタレス円錐積層ゴム式軸箱支持空気ばね台車／座席：ロングシート／製造初年：2011年／製造所：新潟トランシス

WKT-500形は、同社開業時に投入された富士重工LE-CarIIシリーズの「わ89-100/200形」、LE-DCシリーズ「わ89-300形」を淘汰するため、2011年に1両、15年に1両投入された新型車両。

ボックスシートが主体のWKT512の車内

新潟トランシス製の片開きドアの2扉両運ディーゼルカーで、座席はロングシート、トイレはない。塗装は利用者の投票で決められた。

走行装置は一新され、エンジンは新潟原動機の直列6気筒横型DMF13HZ（330PS＝243kW）を搭載、ブレーキは電気指令式空気ブレーキを採用した。

さらに16年には、塗装をWKT-500形と同じデザインに変更したWRT-510形の増備車1両が投入された。19年と21年には、オールクロスシートWC付のWKT-520形が1両ずつ増備されている。

わたらせ渓谷鐵道 WKT-510形、WKT-550形

相老駅に到着した「トロッコわっしー号」

諸元

（WKT-550）最大長：18500mm／最大幅：3190mm／最大高：4038mm／車体：普通鋼車体／機関形式：DMF13HZ／機関出力：330PS／伝達方式：液体式／制動方式：電気指令式空気ブレーキ、機関ブレーキ、排気ブレーキ／台車：ボルスタレス円錐積層ゴム式軸箱支持空気ばね台車／座席：固定クロスシート／製造初年：2012年／製造所：新潟トランシス

WKT-550は、機回しが不要なトロッコ列車「トロッコわっしー号」用に導入されたトロッコタイプの両運ディーゼルカー。

WKT-500をベースに側窓を開放式とし、木製クロスシートと大型テーブルを配置している。側扉は片側1ヵ所、サービスカウンターとWCを設置。冬季や雨天時には着脱式の固定窓が取り付けられるようになっている。

エンジンは新潟原動機製の直列6気筒横型DMF13HZを搭載、動台車は2軸駆動。スリップ対策のため砂まき装置を装備し、一方、付随台車には曲線対策としてフランジ塗油装置を設置している。

WKT-511は、WKT-551と組んで「トロッコわっしー号」に充当する通常車体の両運転台ディーゼルカー。塗装はトロッコ車WKT-551に合わせているが、車内は通常車両の仕様となっている。8組のボックスシートをもつセミクロスシート車で、WCはない。

なお、2両目のWKT510形は、他の一般形車両と同じ塗装になっている。

▼ わたらせ渓谷鐵道「トロッコわたらせ渓谷号」（DE10＋わ99形）

渓谷を横目に走る「トロッコわたらせ渓谷号」

 諸元

（わ99-5020/5070）最大長：18000mm／最大幅：2800mm／最大高：3530mm／車体：鋼製車体／台車：ウイングばね式コイルばね台車／座席：クロスシート／改造初年：1998年／改造所：京王重機整備

　わたらせ渓谷鐵道では、JR東日本からトラ90000を改造したトロッコ車などを借用して「トロッコ列車」を運転していた。

　しかし、JR東日本からの借用が不可能となったため、自社車両での運転を計画した。

　有効長の関係でトロッコ車の種車は、18m級の京王5000系5020と5070が選定され、台枠と構体を利用してトロッコ車に改造された。台車はDT21B、ブレーキはCL自動空気ブレーキに交換された。

　さらにJR東日本からDE10 1537、ス

ハフ12 150・151の譲渡を受けた。スハフ12 150はWC・洗面所を閉鎖して「わ99-5010」に改番、スハフ12 151は「わ99-5080」に改番された。

　トロッコ車2両を挟んで専用塗装のDE10で牽引する編成で「トロッコわたらせ渓谷号」の運転を開始した。

　なお、2000年にDE10 1678がさらに譲渡されたが、こちらは国鉄塗装のまま使用されている。

第3部
栃木・茨城の中小私鉄

真岡鐵道
関東鉄道
筑波観光鉄道
ひたちなか海浜鉄道
鹿島臨海鉄道

ひたちなか海浜鉄道キハ11

真岡鐵道

本社所在地：真岡市台町2474-1
設立：1987（昭和62）年10月12日
開業：1988（昭和63）年4月11日
線路諸元：軌間1067mm／非電化

路線：真岡線／計41.9km（第一種鉄道事業）
車両基地：検修区
車両数：14両

‖‖‖

● 会社概要

　真岡鐵道は、JR東日本水戸線下館駅（茨城県筑西市）と茂木駅（栃木県茂木町）を結ぶ非電化の第三セクター鉄道。国鉄再建法により経営分離された国鉄真岡線の経営を承継した。

　国鉄真岡線は、鉄道院（当時）真岡軽便線として1912（明治45）年4月1日に下館～真岡間を開業、順次延伸して20年12月に茂木まで全通した。22年には、鉄道敷設法改正に伴い真岡線と改称。茂木からの延長計画が複数あり、常陸大宮市長倉までの約6kmには遺構が残っている。

　国鉄再建法で廃止対象となったため、87（昭和62）年に真岡鐵道が設立された。88年4月11日より真岡鐵道が真岡線を継承した。

● 車両概要

　真岡鐵道では、開業に備えて富士重工業のLE-Car IIシリーズのモオカ63形を8両新製、93（平成5）年までに3両を増備した。標準型のLE-CarIIボギー車は日産ディーゼルのエンジンを搭載するが、モオカ63形は小山市に工場がある小松製作所のエンジンを搭載している。

　2002年には、富士重工業が開発したLE-DCをベースとしたモオカ14形が後継車として登場したが、03年に富士重工が鉄道車両から撤退したため、同年製の増備車から日本車輌製に変更された。06年まで増備が続き、モオカ63全9両に置き換えられた。日本車輌製では、前部標識灯の位置が貫通扉上部から運転席・助士席上部に変更され、幌枠上部の形状や屋根の水切り位置も変わった。さらに車内もセミクロスシートからオールロングシートに変更されるなど、別形式になってもおかしくないほど変わっている。

　なお、登場当時は両毛線に直通して小山まで乗り入れる構想があったため、02年登場の2両はATS-P搭載だったが、03年以降の増備車はATS-P非搭載で落成している。

　なお、「SLもおか」の運行に必要な蒸気機関車、ディーゼル機関車、客車の車籍は真岡鐵道だが、車両の保有者は、芳賀地区広域行政事務組合となっている。

▼ 真岡鐵道 モオカ14形

左が日車製、右が富士重製

諸元

（一次車）車体長：18000mm／最大幅：2800mm／最大高：3875mm／車体：普通鋼製車体／機関形式：SA6D125-1-1／機関出力：355PS／伝達方式：液体式／制動方式：電気指令式空気ブレーキ／台車：ボルスタレス円錐積層ゴム式軸箱支持空気ばね台車／座席：セミクロスシート／製造初年：2002年／製造所：富士重工

　モオカ14形は、モオカ63形の置き換え用に導入したディーゼルカー。2002（平成14）〜06年に9両を新製した。

　このためモオカ14-1・2とモオカ14-3〜9では先頭部形状などが異なり、前灯・後部灯の位置が貫通路上部から運転席・助士席上部に変更され、幌枠上部の形状も異なる。屋根の水切り位置も変わり、車内ではセミクロスシートからオールロングシートとなっている。また、JR水戸線に直通して小山駅に乗り入れる構想があったため、当初はATS-Pを搭載していたが、3以降では取り止めた。

茂木に到着した日車製モオカ14

▼ 真岡鐵道 オハ50系客車

塗装と座席モケット色以外は登場時の姿をよく残すオハ50系客車

 諸元　最大長：20000mm／最大幅：2893mm／最大高：3895mm／車体：普通鋼車体／台車：軸ばね式コイルばね台車／座席：セミクロスシート／製造初年：1978年／製造所：富士重工、新潟鐵工所

　50系客車オハ50形2両・オハフ50形1両は、1994年に運転を開始した「SLもおか」用にJR東日本から譲渡を受けた客車。

　50系客車は、国鉄が老朽化した旧型客車を置き換えるために77〜82年に新製した客車で、北海道を除く全国の亜幹線を中心に運用された（ただし、国鉄時代の真岡線で定期運転された実績はない）。

　当時の塗装は赤色だったため、「レッドトレイン」と呼ばれることもあった。

　側窓は下段上昇上段下降の二段窓。車端部に片開扉を有する2扉車で、クロスシート部がボックスシートとなっ

ているセミクロスシート車。国鉄で登場した時のモケット色はブルーだった。

　手動扉の旧型客車は、走行中も扉の開閉が可能で、転落事故も発生していたため、ブレーキ管の加圧空気を利用した自動扉となった。

　その一方、サービス用電源は車軸発電を基本としたため、空調は旧型客車同様、非冷房・蒸気暖房となっている。

　当線入線にあたり、塗装を茶色に白帯とされたが、10年に赤色に変更された。

　50系客車は、JR九州のSL列車でも大幅な改造を受けて使用されているが、当線の車両は塗装以外は国鉄時代の面影をよく残している。

▼ 真岡鐵道 C12

茂木で方向転回し機回し作業を行うC12 66

諸元　軸配置：1C1／最長長：11350㎜／最大幅：2936㎜／最大高：3900㎜／動輪径：1400㎜／製造初年：1932年／製造所：川車、日車、日立、三菱重工

　C12形蒸気機関車は、国鉄が1932～47年に新製したタンク機関車。線路規格が低い簡易線に入線できるように軸重を軽く設計された。真岡線でも70年の無煙化まで使用された。

　真岡鐵道の沿線自治体と芳賀地区広域行政事務組合が真岡線SL運行協議会を結成し、福島県川俣町で保存されていたC12 66をJR東日本から譲り受け、94年に「SLもおか」の運行を開始した。98年にはC11 325も譲り受け、「SLもおか」で使用されたが、こちらは経費削減のため2019年に売却された。車両基地のある真岡から下館までの回送にはDE10

が使われている。

　なお、当機をはじめ「SLもおか」用の50系客車・DE10は真岡鐵道の所属だが、芳賀地区広域行政事務組合の所有車両である。

ほぼJR時代の状態で使用されるDE10 1535

関東鉄道

本社所在地：土浦市真鍋 1 -10- 8

設立：1922（大正11）年 9 月 3 日

開業：1900（明治33）年 8 月14日

線路諸元：軌間1067mm／非電化

路線：常総線（51.1km）、竜ヶ崎線（4.5km）

／計55.6km（第一種鉄道事業）

車両基地：水海道車両区

車両数：56両

||||||||||||||||||||||||||||||||||||||||||||||||||

● 会社概要

関東鉄道は、茨城県南部に路線を有する非電化私鉄。JR東日本常磐線取手駅と同水戸線下館駅を結ぶ常総線と、常磐線龍ケ崎市駅に隣接する佐貫駅と竜ヶ崎駅を結ぶ竜ヶ崎線の 2 路線で構成される。

創立は1922（大正11）年 9 月 3 日とされるが、これは母体となった主要鉄道事業者 4 社のうち、鹿島参宮鉄道の創立日である。

最も創立・開業が早い路線は、竜ヶ崎線の前身となる竜崎鉄道で、1898（明治31）年に竜崎馬車鉄道として設立。途中で蒸気動力に変更し、社名も改めて1900年に開業した。さらに15（大正 4 ）年に軌間を762mmから1067mmに改軌している。

次いで13年に常総鉄道が開業。続いて、現在は廃止となった筑波線・鉾田線の前身企業 2 社が設立された。

竜崎鉄道は43（昭和18）年に鹿島参宮鉄道に吸収、常総鉄道と筑波鉄道は45年に合併して常総筑波鉄道となっていたが、戦後、両社とも京成電鉄との関係が深くなり、65年 6 月 1 日にこの 2 社が合併して関東鉄道が誕生した。

総延長と車両数は当時非電化私鉄で最多となったが、79年 4 月 1 日、筑波線と鉾田線は分社化された。

利用者がかなり多い常総線南部は、84年までに取手〜水海道間が複線化された。このレベルの利用者があれば、電化するのが一般的だが、気象庁地磁気観測所の観測に悪影響を与えるため、電化を断念している。

2005年のつくばエクスプレス開業で輸送実績は減少したが、複線化開始時のレベルにとどまっている。

● 車両概要

関東鉄道となってからの車両は、常総筑波鉄道が50〜60年代に導入した自社発注車や国鉄払い下げ車、廃止となった非電化私鉄から譲渡された車両が中心だった。しかし75年から国鉄10・20系ディーゼルカーの廃車発生品と新製車体を組み合わせた 3 扉車の増備が始まり、87〜91年に国鉄キハ30系の譲渡を受け、車体がほぼ統一された。

93年からは、自社発注の新製冷房車が投入され、旧国鉄キハ30系の淘汰が進み、2013年には保有全車が自社発注車（含む車体新製更新車）となった。

▼ 関東鉄道 キハ310形

登場後の改装でキハ10系の面影は残っていない

諸元　車体長：20100mm／最大幅：2880mm／最大高：3865mm／車体：普通鋼車体／機関形式：DMF13HZ／機関出力：270PS／伝達方式：液体式／制動方式：自動空気ブレーキ／台車：ウイングばね式コイルばね台車／座席：ロングシート／改造初年：1975年／改造所：大栄車両

　国鉄（当時）から払い下げられたキハ17・キハ16に、大栄車両・新潟鐵工所で新製した車体を組み合わせ、1975年12月に登場した。

　実質的には機器流用の新製車だが、車歴を引き継いでいる更新車の扱いになっている。

　20m級両開き3扉ロングシートの片運転台車で、78年までに8両が登場した。乗り心地に難があった台車は、83年までに全車がウィング式コイルばね台車DT22Aに交換された。

　96年に2両が廃車となったが、98〜2000年にエンジン交換、前頭部の行先表示器取付と冷房化が行われた。この結果、キハ0形と性能も外観もよく似た車両になったが、キハ0形の縦樋は埋込であるのに対し、本形式は露出していることで見分けられる。

　さらに11〜14年に空気配管などの引き直し、保安ブレーキ改良や運転状況記録装置・戸締締切スイッチ新設を含む更新工事が実施された。

▼ 関東鉄道 キハ0形

改装後のキハ310形とよく似た外観のキハ0形

諸元

最大長：20000mm／最大幅：2884mm／最大高：3875mm／車体：普通鋼車体／機関形式：DMF13HZ／機関出力：270PS／伝達方式：液体式／制動方式：自動空気ブレーキ／台車：ウイングばね式コイルばね台車／座席：ロングシート／製造初年：1982年／製造所：新潟鐵工所

　国鉄（当時）から払い下げられたキハ20系の機器と新潟鐵工所で新製した車体を組み合わせ、1982年12月に登場した。新製にあたり廃車の機器を流用

キハ310形（左）とキハ0形（水海道車両区）

したという扱いのため、旧車の車歴は引き継がれていない。

　キハ310形の車体とほぼ同じだが、正面貫通扉上部に行先表示器が装備され、前灯と後部標識灯は腰板部に移動している。

　84年12月までに8両が増備され、96年から順次エンジンをDMF13HZに交換のうえ、冷房化された。さらに2012〜15年には、空気配管などの引き直しや運転状況記録装置の新設などの更新工事が行われた。

▼ 関東鉄道 キハ2100形・2300形・2200形・2400形・5000形・5010形

キハ2100形旧塗装（登場時塗装）

諸元

（キハ5010形）車体長：20000mm／最大幅：2850mm／最大高：3943mm／車体：普通鋼製車体／機関形式：SA6D125-HE2／機関出力：257kW（350PS）／伝達方式：液体式／制動方式：電気指令式空気ブレーキ／台車：ボルスタレス円錐積層ゴム式軸箱支持空気ばね台車／座席：ロングシート／製造初年：2017年／製造所：新潟トランシス

　1993〜96年に新製されたキハ2100形は、関東鉄道発足後初の完全新製ディーゼルカー。冷房付ロングシート、ステップレス両開き扉の3扉片運車とされた。在来車との混結を考慮して自動空気ブレーキを採用し、エンジンは新潟鐵工所のDMH13HZを搭載。また、ボルスタレス台車を同社で初採用するなど、独自設計の私鉄ディーゼルカーとしては高レベルの車両といえる。

　キハ2200形は、97〜98年に新製されたキハ2100形の両運転台バージョンで、ワンマン運転時の運賃収受を考慮して、両端の扉は運転室に寄せた片開き扉、中央扉は両開き扉とされた。

　2000年に登場したキハ2300形は、車体はキハ2100形と同型だが、電気指令式空気ブレーキを採用したため、形式が分けられた。この両運転台バージョンが、2004年に登場したキハ2400形だ。

　09年には両運転台車キハ5000形が登場。キハ2300・2400形との併結運転を考慮しながら、台車の軸箱支持を円錐積層ゴム式に、エンジンはコモンレール式電子燃料噴射システムを採用した新潟原動機6気筒横型6H13CREに変更され、塗装も改められた。この塗装は、キハ2100以降の車両にも随時採用されている。

　16年に小松製作所製SA6D125-

HE 2 試用のため、キハ2101のエンジンが換装された。その結果、17年には同エンジンを採用して塗装を改めたキハ5010形を 2 両新製、キハ2102もエンジンを換装された。

キハ2400形旧塗装
（登場時塗装）

キハ2100形新塗装
（キハ5000塗装）

キハ5010形

▼ 関東鉄道 キハ5020形

塗装はキハ5010形とほぼ同一ながら、前頭部デザインを変更したキハ5020形

諸元　車体長：20000mm／最大幅：2850mm／最大高：3943mm／車体：普通鋼製車体／機関形式：SA6D125-HE2／機関出力：257kW（350PS）／伝達方式：液体式／制動方式：電気指令式空気ブレーキ／台車：ボルスタレス円錐積層ゴム式軸箱支持空気ばね台車／座席：ロングシート／製造初年：2019年／製造所：新潟トランシス

　キハ5020形は、2019年3月2日から営業運転を開始した新製車両。

　エンジン・台車・塗装はキハ5010形の仕様を引き継ぎ、小松製作所製SA6D125-HE2形直列6気筒257kW（350PS）機関を搭載した。

　台車は、軸箱支持方式を円錐積層ゴム式としたボルスタレス空気ばね台車（NF01HD・NF01HT）が採用された。

　塗装もほぼ同一だが、戸袋部外板に描かれた筑波山のイメージマークが紅梅をイメージした色に変えられた。

　その一方、キハ2100・2200形以降の各形式でほぼ同一だった車体前頭部形状が変更され、これまで腰板部にあった前灯と後部標識灯は前面窓上部に配置され、車番標記位置は前部貫通扉の窓下となっている。

　また、推進軸保護枠の追加と充電発電機枠の拡大が行われている。

関東鉄道 キハ532形

常総線キハ310登場時の前頭部デザインを今も残すキハ532形

諸元

最大長：20000㎜／最大幅：2844㎜／最大高：3875㎜／車体：普通鋼車体／機関形式：DMF13HZ／機関出力：270PS／伝達方式：液体式／制動方式：自動空気ブレーキ／台車：ウイングばね式コイルばね台車／座席：ロングシート／製造初年：1981年／製造所：新潟鐵工所

　国鉄キハ20形の機器を流用し、新潟鐵工所で新製した車体に組み合わせた竜ヶ崎線用ディーゼルカー。機器流用車だが、新車扱いで81（昭和56）年12月に登場した。

　国鉄ディーゼルカーの機器と新製車体の組み合わせで製造された常総線キハ310形に準じた車体で登場したが、キハ310形と異なり、竜ヶ崎方の運転台は右側、佐貫方は左側に配置された。これは、ステップ付きの片開き扉を採用したことと、竜ヶ崎線ホームが、竜ヶ崎に向かって右側にしかないことに

よる。

　一方、キハ310形は冷房改造時に前灯移設など前頭部のデザインが大きく変わったが、本形式は新製時の姿を残している。

　なお、2013年にエンジンが換装され、関東鉄道からDMH17エンジンを搭載する現役車両が淘汰された。

　竜ヶ崎線では基本的にキハ2000形を使用しており、本形式は予備車の扱いだが、ホームページで使用が予告されるのが通例で、最近は毎土曜日の日中に使用されていることが多い。

▼ 関東鉄道 キハ2000形

一見、常総線キハ2200形・2400形と似ているように見えるキハ2000形

諸元　最大長：20000mm／最大幅：2850mm／最大高：3835mm／車体：普通鋼車体／機関形式：
DMF13HZ／機関出力：330PS／伝達方式：液体式／制動方式：自動空気ブレーキ／台
車：ボルスタレス緩衝ゴム式軸箱支持空気ばね台車／座席：ロングシート／製造初年：
1997年／製造所：新潟鐵工所

　常総線キハ2100形をベースとする3扉の両運転台車で、97年に新潟鐵工所で2両製造された。

　キハ2200などの常総線両運車と異なり、3扉のすべてが両開き扉となっている。また竜ヶ崎線ホームは、竜ヶ崎に向かって右側にしかないため、竜ヶ崎方の運転室は右側、佐貫方は左側に設置されている。さらに、乗務員扉は運転室内のみの設置で、ホームがない側には乗務員扉はない。

　側面に行先表示装置はなく、前頭部の行先表示は「竜ヶ崎⇔佐貫」と標記

したガラス板であるため、通常は変更できない。

　キハ2200の車体構造とは相違点があるが、ブレーキ形式、エンジン、台車は共通で、自動空気ブレーキ、330PSのDMF13HZ機関、軸箱支持が緩衝ゴム式のボルスタレス空気ばね台車を使用する。

　2002号は2014年からご当地キャラ「まいりゅう」の全面ラッピング車になり、さらに2016年からご当地B級グルメ「コロッケ」の食品サンプルをつり革に取り付けて運行している。

筑波観光鉄道

本社所在地：つくば市筑波1
設立：1923（大正12）年4月4日
開業：1954（昭和29）年11月3日
線路諸元：軌間1067mm／鋼索鉄道

路線：筑波山鋼索鉄道線／計1.6km（第一種鉄道事業）
車両数：2両

● 会社概要

　筑波観光鉄道は、茨城県筑波山で鋼索鉄道（ケーブルカー）と交走式普通索道（ロープウェイ）を運行する鉄道・索道事業者。

　1923（大正12）年4月4日、筑波山鋼索鉄道として設立され、25年10月12日に鋼索鉄道の営業を開始した（関東で2番目、全国で5番目）。44年1月12日付で戦時廃止となったが、52年8月28日に地方鉄道の免許を取得し、54年11月3日に運行を再開している。64

年11月に山麓・宮脇駅が改築、71年8月1日に筑波山頂駅のコマ展望台開業、72年11月に筑波山頂駅が改築された。その後、95年3月1日に車両を交換し、99年10月1日に筑波山ロープウェーを吸収合併して筑波観光鉄道に改称した。京成グループに属するレジャー業15社のうちの1社。

　鋼索鉄道では珍しい大カーブがある線形で、中間付近から山頂寄りで西に90度近く曲がって山頂に達する。

● 車両概要

　95年3月1日に営業開始した現在の車両は、戦後に復活してから2代目。台車は初代の汽車製造製を流用し、車体を大栄車両で新製した。登場時は、当時の京成スカイライナーAE100形を意識した白い車体に赤青のラインを描いた塗装だったが、現在はA号車「わ

かば」、B号車「もみじ」の車両愛称にちなんだ色に塗装されている。

　本線では架線レスで、駅と車両の通信は無線、サービス電源は車載バッテリーを用いる。なおバッテリーへの充電は、駅停車中にレール横に設けた剛体架線で供給するAC100Vで行う。

筑波山頂駅に停車中のB号車「もみじ」

B号車「もみじ」の車内

▼ 筑波観光鉄道 A、B

A号車「わかば」

諸元　最大長：12000mm／最大幅：2620mm／最大高：3459mm／車体：普通鋼車体／製造初年：1995年／製造所：大栄車両

筑波山頂駅に停車中のA号車「わかば」

車内貼付のお札

大栄車両の銘板

ひたちなか海浜鉄道

キハ3710-01

本社所在地：ひたちなか市釈迦町22-2
設立：2008（平成20）年4月1日
開業：1913（大正2）年12月25日
線路諸元：軌間1067mm／非電化

路線：湊線／計14.3km（第一種鉄道事業）
車両基地：那珂湊機関区
車両数：8両

||||||||||||||||||||||||||||||||||||||||||||||||||

● 会社概要

　ひたちなか海浜鉄道は、茨城交通湊線を前身とする第三セクター鉄道。全線が茨城県ひたちなか市にある非電化路線で、ひたちなか市と茨城交通が出資し、2008（平成20）年に誕生した。

　茨城県中央部・北部の私鉄・バス会社を統合して1944（昭和19）年に発足した茨城交通は、複数の鉄軌道線を有していたが、営業成績の悪化で次第に縮小され、JR東日本常磐線勝田を起点に阿字ヶ浦を結ぶ湊線が残っていた。

　通常の湊線列車は線内のみの運行だが、90年まで国鉄（JR東日本）常磐線上野から、夏期に海水浴臨時列車が阿字ヶ浦まで直通運転を行っていた。

　次第に鉄道・バス事業の経営が悪化したうえに、2000年代に入ると経済情勢から企業全体の経営が悪化したため、鉄道事業の継続が困難であることを表明、ひたちなか市との協議の結果、湊線の第三セクター化による鉄道事業の継続が決まった。

● 車両概要

　新製車両の投入は、国内初のステン

レス車体気動車として有名になったケ

ハ600を1960年に投入したあとは、しばらく途絶えた。

70年代初めに廃線となった留萌鉄道・羽幌炭礦鉄道から譲渡された比較的新しい車両で更新を進めた。続いて国鉄からキハ11形（初代）、鹿島臨海鉄道および水島臨海鉄道経由で国鉄キ

ハ20形が入線した。これら北海道からの譲渡車や旧国鉄車は、キハ205を除き、すでに廃車となっている。

サービス水準を向上させるため新造車を3両投入、さらに他社から状態の良い譲渡車を4両導入している。

▼ ひたちなか海浜鉄道 キハ20形

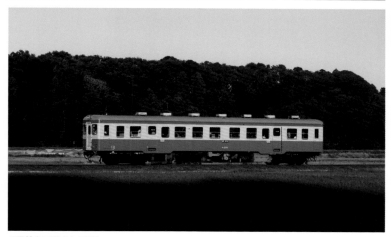

元国鉄キハ20のキハ205

諸元　最大長：20000mm／最大幅：2930mm／最大高：3900mm／車体：普通鋼製／機関形式：DMH17B／機関出力：160PS／伝達方式：液体式／制動方式：自動空気ブレーキ／台車：ウイングばね式コイルばね台車／座席：セミクロスシート／製造年：1965年／製造所：帝国車輌

元国鉄キハ20。キハ20系は、国鉄一般形ディーゼルカーとして初の量産車だったキハ10系の後継車として登場した車両。地方線区向け2扉セミクロスシート車だが、キハ10系より車体を大型化し、台車やエンジンを改良した。私鉄に払い下げられた車両も多く、鹿島臨海鉄道を経て、入線したキハ201

〜204（廃車済み）の続番でキハ205となった。本車は元JR西日本キハ20 522で、水島臨海鉄道に譲渡されてキハ210に改番、1996年に譲渡を受けた。水島時代に冷房改造を施工されていたため、さまざまな経歴の同系車が所属するなかで生き残った。

三木鉄道から譲渡されたミキ300形

 諸元　最大長：18500mm／最大幅：3090mm／最大高：4000mm／車体：普通鋼製／機関形式：PF6HT03／機関出力：295PS／伝達方式：液体式／制動方式：非常弁付直通空気ブレーキ／台車：軸ばね式空気ばね台車／座席：セミクロスシート／製造年：1998年／製造所：富士重工

　1985年、国鉄三木線を転換して開業した三木鉄道が98年に増備した、富士重工のLE-DCシリーズの車両。

　LE-DCシリーズは、富士重工が開発した軽量ディーゼルカー。同社は車体設計にバスの構造を取り入れたLE-Carを先に開発していたが、新潟鐵工所が開発した軽量ディーゼルカーNDCシリーズは設計に鉄道車両の手法を取り入れていた点が好評だった。

これを受けて富士重工でも、鉄道車両の手法を取り入れられたLE-DCシリーズを開発した。

　三木鉄道の廃線後、2009年に譲渡を受けた。

　在来車両との混結運行ができないため、単行で運転される。全面ラッピング車両だった時期を除き、三木鉄道時代の塗装を維持している。

▼ ひたちなか海浜鉄道 キハ11形

JR東海から譲渡されたキハ11 5

 諸元　最大長：18000mm／最大幅：2998mm／最大高：3945mm／車体：普通鋼製／機関形式：C-DMF14HZA／機関出力：330PS／伝達方式：液体式／制動方式：自動空気ブレーキ／台車：緩衝ゴム式空気ばね台車／座席：セミクロスシート／製造初年：1988年／製造所：新潟鐵工所、JR東海名古屋工場

　ひたちなか海浜鉄道では、老朽化した旧留萌鉄道キハ22と旧羽幌炭礦鉄道キハ2000を置き換えるため、JR東海キハ11 123、東海交通事業キハ11 203・同204の譲渡を受けた。

　保安設備変更などの仕様変更を行い、帯色はオレンジ・緑の2色からオレンジ1色に変更、キハ11 5・同6・同7に改番した。

　キハ11は、閑散路線用に開発された車両だが、幹線への直通運転する可能性もあることから、気動車メーカーが閑散路線用に開発したレールバスなどと較べ、運転速度や定員などが既存鉄道車両に近い仕様になっている。

　なお、導入にあたり、部品取り用としてキハ11 201・202の譲渡も受けている。

ひたちなか海浜鉄道 キハ3710形/37100形

35年ぶりの新製車両として1995年に投入されたキハ3710

 諸元

（3710形）最大長：18500mm／最大幅：2828mm／最大高：3965mm／車体：普通鋼製／機関形式：DMH13HZ／機関出力：330PS／伝達方式：液体式／制動方式：自動空気ブレーキ／台車：軸ばね式空気ばね台車／座席：クロスシート／製造初年：1995年／製造所：新潟鐵工所

　ひたちなか海浜鉄道では、1960年に新製投入されたケハ601を最後に、他社からの譲渡車で車両を置き換えてきたが、状態のよい中古ディーゼルカーが少なくなり、冷房化を推進するため新製車導入に方針を変更した。

　この方針により、95年と98年に各1両投入されたのがキハ3710だ。新潟鐵工所の開発したNDCシリーズに属する。形式の3710は、湊線の語呂合わせ。

在来車との混結が考慮され、自動空気ブレーキが採用された。オールロングシートで、当線初の空気ばね車でもある。

　2002年に増備された1両は、ブレーキの二重化やドアの半自動化など一部仕様を変更したため、形式がキハ37100に変更された。

気動車とディーゼルカー

　国内の非電化鉄道で、もっとも多く見かける車両はディーゼルカー。その名のとおり、ディーゼルエンジンを動力源とする車両だ。

　ディーゼルカーと呼ばずに気動車と呼ぶケースもある。気動車とは、内燃エンジンを動力源とし、乗客や荷物・貨物などを搭載する車両を指す。内燃エンジンとは、シリンダ内で燃料を燃焼させることで回転力を得るエンジンで、ガソリンエンジンやディーゼルエンジンなどが代表例だ。国内の鉄道車両では、軽油を用いるディーゼルカー、ガソリンを用いるガソリンカーがある。戦争中や戦後の燃料供給事情が逼迫した時代には、木炭ガス発生装置を搭載した木炭ガス車、天然ガス車も使用された。

　つまり、ディーゼルカーは気動車の一種に過ぎないが、ディーゼルエンジン以外の内燃エンジンを使用する鉄道車両は国内では皆無であるため、現状の解説では気動車＝ディーゼルカーと見なしても問題ない。

　なお、内燃エンジンに対して外燃エンジンももちろん存在する。蒸気機関や蒸気タービンがその代表例だ。

　ディーゼルカーは内燃エンジンの回転を車輪に伝える方式により、3種に分類できる。自動車のマニュアルトランスミッション（MT）車に相当する「機械式」、自動車のオートマチックトランスミッション（AT）車に相当する「液体式」、エンジンで発電機を回しモーターで車輪を回す「電気式」だ。さらに、電気式に蓄電池を併用したハイブリッド方式もある。

　さて、鉄道の場合、自動車と異なり、複数のエンジンを総括制御し、変速操作も同調して行う必要があるケースが多く、またエンジン出力もたいてい大きいことが動力伝達方式の課題だった。機械式は、2両編成以上では各車に運転士が乗務し、警笛等を利用した合図で運転したが、液体式への改造などで消えていった。一方、電気式は重量が大きくなるため、重量制限が厳しい国内では難があり一時は消滅したが、その後軽量化が進み、復権しつつある。とはいえ、現状のディーゼルカーの主力は液体式だ。1950年代初頭に液体変速機が実用化されると、国鉄・私鉄ともに液体式が主力になった。

　世界的な脱炭素化の動きにより、内燃エンジンの淘汰が進み、非電化鉄道の動力源は蓄電池か燃料電池となることが予想される。気動車は死語となり、非電化鉄道でも走るのは、正真正銘の「電車」という時代になるかもしれない。

加悦SL広場で動態保存されていた加悦鉄道キハ101。ガソリン動車として新製されディーゼルエンジンに換装された

鹿島臨海鉄道

本社所在地：茨城県東茨城郡大洗町桜道
　301
設立：1969（昭和44）年4月1日
開業：1970（昭和45）年11月12日
線路諸元：軌間1067mm／非電化

路線：大洗鹿島線（53.0km）、鹿島臨港線
　（19.2km）／計72.2km（第一種鉄道事業）
車両基地：神栖車両区
車両数：20両

||||||||||||||||||||||||||||||||||||||||||||||||||||||

● 会社概要

　鹿島臨海鉄道は、鹿島サッカースタジアムと奥野谷浜を結ぶ貨物専業の鹿島臨港線と、水戸〜鹿島サッカースタジアム間の大洗鹿島線を運営する非電化の第三セクター鉄道。

　当初は、鹿島港とともに開発された鹿島臨海工業地帯の貨物需要に対応するため国鉄、茨城県、進出企業の出資で設立した貨物専業の臨港鉄道だった。国鉄鹿島線終点である北鹿島（現・鹿島サッカースタジアム）を起点として、1970年7月21日に開業。

　1978年、成田空港向けの航空燃料輸送を担うこととなった際、地元の要望に応じて鹿島〜鹿島港南間で旅客輸送を開始した。しかし1983年に燃料輸送を終了すると、利用が少なかった旅客営業を廃止し、再び貨物専業となった。

　一方、国鉄鹿島線の水戸延伸線として鉄道公団（現・JRTT鉄道運輸機構）が建設中の新線は、国鉄再建法で経営改善途上の国鉄が運営を希望しなかったため、鹿島臨海鉄道が運営することとなり、大洗鹿島線として1985年3月14日に開業した。北鹿島は貨物駅だったため、国鉄鹿島線に乗り入れ、鹿島神宮が実質的な終着駅となった。同線は旅客営業が主体だが、貨物列車の設定があった時期もある。

　さらに、1993年の茨城県立カシマサッカースタジアム開場に対応し、1994年に鹿島町（現・鹿嶋市）の負担で北鹿島に新設した旅客ホームの供用を開始し、駅名を鹿島サッカースタジアムと改称した。これにより、試合開催日などに大洗鹿島線列車が臨時停車するようになった。

● 車両概要

　開業時に用意された車両は、国鉄DD13形をベースとしたKRD形56トン級ディーゼル機関車。

　鹿島臨港線での旅客営業時には、国鉄から譲渡されたキハ10形をキハ1000形に改番して使用した。

　大洗鹿島線開業時には、新製した6000形ディーゼルカーとともに、国鉄から譲渡されたキハ20形を改造した2000形も使用されたが、6000形の増備により廃車された。

　92年には、茨城県が所有する2両編成のクロスシート車7000形を導入したが、98年に定期運用が終了、15年に廃車となった。

　現在は、6000形の更新が進行中。

▼ 鹿島臨海鉄道 6000形

国内の気動車で縦形直噴エンジンを搭載するのは6000形のみ

諸元　最大長：20500mm／最大幅：2915mm／最大高：3925mm／車体：普通鋼車体／機関形式：6L13AS／機関出力：230PS／伝達方式：液体式／制動方式：自動空気ブレーキ／台車：ウイングばね式コイルばね台車／座席：セミクロスシート（転換式）／製造初年：1985年／製造所：日車

　6000形は、大洗鹿島線用として85～93年に日本車輌で新製された20m級ディーゼルカー（19両製造）。普通鋼車体の2扉セミクロスシート車で、クロスシートには首都圏では珍しい転換式クロスシートを採用し、側窓は2段式2連窓。ワンマン運転を考慮し、側扉は運転室直後に配置されている。
　現在、8000形への置き換えが進んでい

るが、まだ6000形が主力だ。またラッピング車となった車両も多い。

6000形「ガールズ＆パンツァー」ラッピング車両（3・4号車）

▼ 鹿島臨海鉄道 8000形

水戸駅に到着した8000形

 諸元

車体長：19500㎜／最大幅：2800㎜／最大高：3992㎜／車体：普通鋼車体／機関形式：DMF13HZ／機関出力：330PS／伝達方式：液体式／制動方式：電気指令式空気ブレーキ／台車：ボルスタレス円錐積層ゴム式軸箱支持空気ばね台車／座席：ロングシート／製造初年：2015年／製造所：新潟トランシス

　開業時に投入した6000形の老朽化に対応して、大洗鹿島線開業30周年を機として15年に導入が開始された新型ディーゼルカー。

　関東鉄道キハ5000形をベースにした新潟トランシス製の普通鋼車体3扉オールロングシートの両運転台20m車。ワンマン運転に対応し、前後の側扉は車端部に寄せられた片開きで、中央扉のみが両開きとなっている。車内の快適性を重視し、扉開閉は押しボタン式半自動扉が採用されている。

　なお、電気指令式空気ブレーキを採用したため、6000形との連結はできない。

　5000形とは異なる塗装を採用し、下部が砂浜と大地をイメージしたブラウン、上部が鹿島灘と空を現すブルー、境には地域支えられる大洗鹿島線をイメージした赤のラインが入れられた。

▼ 鹿島臨海鉄道 KRD

KRDの最後の1両となったKRD5

諸元 軸配置：B-B／最大長：13600mm／最大幅：2846mm／最大高：3849mm／動力伝達方式：液体式／制動方式：空気ブレーキ／機関出力：550PS／製造初年：1970年／製造所：日立、日車

1970年の鹿島臨海鉄道開業に際して3両が自社発注された、国鉄DD13タイプの56トン級ディーゼル機関車。

77年と79年に各1両が増備された。KRD2は83年に仙台臨海鉄道に譲渡され、KRD1・3〜4は94〜11年に廃車、KRD5のみが残っている。

鹿島サッカースタジアムで入換作業を行うKRD5

京葉臨海鉄道KD60を姉妹機とするKRD64

諸元 軸配置：B-B／最大長：13600mm／最大幅：2860mm／最大高：3849mm／動力伝達方式：
液体式／制動方式：空気ブレーキ／機関出力：560PS／製造初年：2004年／製造所：
日車

　開業以来使用されてきたKRD形初期車の老朽化に伴い、2004年に25年ぶりに登場した新製車。京葉臨海鉄道KD60の姉妹機。

　KRD形同様縦型直列6気筒エンジン2台搭載のセンターキャブ車だが、エンジンを三菱重工業製の汎用エンジン三菱S6A3-TAに変更し、車体の設計を変更することで自重を増加させ、牽引定数を750トンから880トンに向上させた。

　さらに運転室を冷房化、KRD形ではキャブの両サイドにあった運転台を海側のみの設置とし、1ヵ所の運転台で両方向への運転と入換のすべてを行う。

　塗装も社員からの募集で変更され、車体下部は太平洋をイメージした濃青色、赤・白のラインが入るカラフルな配色になった。

第4部
埼玉の中小私鉄
秩父鉄道
埼玉新都市交通

秩父鉄道デキ500形

秩父鉄道

本社所在地：熊谷市曙町 1 - 1
設立：1899（明治32）年11月 8 日
開業：1901（明治34）年10月 7 日
線路諸元：軌間1067mm／直流1500V
路線：秩父本線（71.7km）、三ヶ尻線（7.6

km）／計79.3km（第一種鉄道事業）
車両基地：熊谷車両区
車両数：209両

IIIIIIIIIIIIIIIIIIIIIIIIIIIIIIIIIIIIIIIIIIIIIIIIIIIII

● 会社概要

　秩父鉄道は、埼玉県北部を東西に結ぶ電化私鉄。三岐鉄道・黒部峡谷鉄道と並び電気機関車を使用した貨物営業を行うことで知られる。

　秩父盆地の中心地・大宮郷（現・秩父市）は物資の集積地として古くから栄え、1899（明治32）年に大宮町（当時）〜熊谷間に上武鉄道が設立された。

　1901年に熊谷〜寄居間が開業、その後徐々に延伸され、14（大正 3 ）年に秩父鉄道に改称した。

　武甲山の石灰石に注目し、17年に影森まで延長、18年には石灰石輸送のために貨物線を開通させている。22年には熊谷〜影森間を電化、30年には三峰口まで全通している。

　さらに22年には羽生〜熊谷間の北部鉄道と合併し、東武鉄道経由で東京へのルートを開設している。

　その後、国鉄との直通運転を行った時期もあるが、現在はJR東日本との直通運転は行っていない。

　東武鉄道とは、羽生で伊勢崎線と寄居で東上本線と接続し、東上本線と直通運転を行うほか、東上本線と伊勢崎線を移動する東武電車の回送などにも使われる。

　また西武鉄道とは、御花畑と西武秩父を結ぶ連絡線経由で直通運転を行う。イベントで、秩父鉄道のC58が西武秩父に乗り入れたこともある。

● 車両概要

　貨物列車の運転を行っているため、私鉄には珍しく、現在も電気機関車を多数所有している。ただし、近年は貨物列車の減便により、電気機関車も減少傾向にある。

　なお、SL「パレオエクスプレス」の車両基地〜熊谷間の回送にも電気機関車を活用している。

　旅客用の電車は、60年代まで自社発

注のカルダン車を導入していたが、70年代以降は自社発注が中断され、譲渡車の導入に変更された。国鉄新性能電車の譲渡を受ける私鉄はあまり多くないなか、国鉄・JR東日本から101系、165系の譲渡を受けたことは特筆に値する。ただ、この 2 形式はすでに淘汰され、現在は都営・西武・東急からの譲渡車を使用している。

▼ 秩父鉄道 6000系

初代急行用電車300系登場時の塗装を模したリバイバルカラー編成

諸元　車体長：先頭車19559mm、中間車19505mm／最大幅：2805mm
普通鋼車体／制御方式：抵抗制御／主電動機出力：150kW／
通ブレーキ／台車：軸ばね式空気ばね台車／座席：固定クロ
／改造初年：2005年／改造所：西武鉄道所沢工場

　急行用の3000系（元・国鉄165系）を置換するため、2005～06年に西武101系を改造。3両編成とするため、Tc車の乗務員室をM車に移設、前頭部にはスカートを取り付け、窓下部に愛称表示器を新設した。側扉は、中扉を閉鎖して2扉車化し、西武10000系更新工事で交換された回転式リクライニングシートを転用してクロスシート化した。車体幅の関係で方向固定となり、集団見合い配列と向かい合

わせ配列の混合とな
　14年から6003編成を
ーに変更している。

6000系の本来の塗装

▼ 秩父鉄道 5000系

5000系5203編成

諸元 最大長：先頭車20000mm、中間車20000mm／最大幅：2790mm／最大高：3690mm／車体：セミステンレス車体／制御方式：抵抗制御／主電動機出力：100kW／制動方式：発電ブレーキ併用電磁直通空気ブレーキ／台車：湿式円筒案内式（シュリーレン）空気ばね台車／座席：ロングシート／製造初年：1968年／製造所：日車、川車、日立、アルナ工機

非冷房車だった2000系（元東急7000系）を置き換えるため、1999年に譲受した元東京都交通局三田線用6000形。

5000系5202編成

構造材は普通鋼だが、外板はステンレス鋼を使用するセミステンレス車体だ。3両編成4本が投入されたが、2011年に発生した踏切事故により1編成が廃車となった。

都営時代はオールMの6両編成だったが、入線時にMc1両を電装解除し、2M1Tの3両編成とされた。さらにワンマン化改造、ヒーター増強などが行われている。

▼ 秩父鉄道 7000系

7000系7201編成

諸元　　最大長：先頭車19500mm、中間車19500mm／最大幅：2760mm／最大高：4115mm／車体：
ステンレス車体／制御方式：界磁チョッパ制御／主電動機出力：130kW／制動方式：
回生ブレーキ付電気指令電磁直通ブレーキ／台車：軸ばね式空気ばね台車／座席：ロ
ングシート／改造初年：2009年／改造所：東急テクノシステム

　7000系は、1986～89
年に導入した1000系（元
国鉄101系）を置換す
るため、東急8500系を
改造し、2009年3月に
投入された。

　東急田園都市線用10
両編成から6両を種車
として、3両編成2本
に改造した。

　そのため、第2編成
の両先頭車7002・7202
は中間車が先頭車改造
され、非貫通式となっ
ている。

中間車を先頭車化したため非貫通運転台の7202-7002編成

▼ 秩父鉄道 7500系

7500系7501編成

 諸元

車体長：先頭車20000mm、中間車20000mm／最大幅：2800mm／最大高：4100mm／車体：
ステンレス車体／制御方式：界磁チョッパ制御／主電動機出力：130kW／制動方式：
回生ブレーキ併用電気指令電磁直通ブレーキ／台車：軸ばね式空気ばね台車／座席：
ロングシート／改造初年：2010年／改造所：東急テクノシステム

　1986〜89年に導入された1000系（元・
国鉄101系）の老朽化に対応し、東急
電鉄から譲渡された車両によって淘汰
が進められた。当初の譲渡車は東急
8500系だが、引き続きの譲渡車は東急
8090系に変わったため、改造後の形式
は7500系となった。

　東急8090系は両先頭車がTc車、中
間車3両がM車の5両編成だったため、
M車から台車や機器を流用し、Mc-M-
Tcの3両編成に改造した。一部の中
間車2両は先頭車に改造され、2両編
成の7800系となった。

　秩父鉄道の環境に合わせ、冬季は摩
擦熱での着雪防止が期待できる鋳鉄制

輪子、夏期は摩耗量が少ない合成制輪
子を装着できるようになっている。

　先頭部には前面排障器が設置され、
車内の風の吹き抜け防止のため、中間
車羽生方に貫通扉が新設された。側扉
は、曲線ホームに対応して、外寄りの
扉を締切り扱いにする2扉4扉機能を
付加、またボタン式半自動扉に改造さ
れている。

　車内側扉上部にはLED式案内表示
器が千鳥配置に取り付けられ、各側扉
部に扉開閉案内器が取り付けられた。

　ラッピングトレインとなっている編
成が多い。

7500系7502編成「秩父ジオパークトレイン」

7500系7505編成「秩父三社トレイン」

▼ 秩父鉄道 7800系

7800系7904編成

 諸元　車体長：19500mm／最大幅：2800mm／最大高：4100mm／車体：ステンレス車体／制御方式：界磁チョッパ制御／主電動機出力：130kW／制動方式：回生ブレーキ付電気指令電磁直通ブレーキ／台車：軸ばね式空気ばね台車／座席：ロングシート／改造初年：2013年／改造所：東急テクノシステム

　7800系は老朽化した1000系（元・国鉄101系）の置換用に導入した元・東急8090系5両編成のうち、中間車2両を先頭車改造して2両編成とした車両。

　東急8090系の中間車の骨組みを利用して先頭車としたため、左右の前面窓の大きさが異なっており、7500系の先頭部とはまったく異なるデザインとなっている。

　非貫通切妻タイプの前頭部に改造し、

1両は電装解除した。車内側扉上部には案内表示器を千鳥配置で取り付けたほか、扉開閉案内器や地点検知式自動放送装置を新設。側扉はボタン式半自動扉とした。

　電気指令式空気ブレーキのため、ブレーキ管の引き通しがなく、故障時などの機関車牽引に対応するため、非常ブレーキ読み替え装置を搭載している。

▼ 秩父鉄道 C58＋12系客車

C58形363号機

諸元

（C58）軸配置：1C1／最大長：11150mm／最大幅：2936mm／最高高：3940mm／動輪径：1520mm／製造初年：1938年／製造所：川重、汽車

諸元

（12系客車）最大長：21300mm／最大幅：2900mm／最高高：4085mm／車体：普通鋼車体／台車：軸ばね式空気ばね台車／座席：固定クロスシート／改造初年：2012年／製造所：自社施工

C58は、1938〜47年に製造された客貨両用の中型テンダ蒸気機関車。亜幹線を中心に全国で使用された。

C58 363は、1988年に熊谷市で開催された「さいたま博」の一環でSL運行を行うため、吹上小学校（現・鴻巣市）での保存を取りやめて復元された。埼玉県北部観光振興財団が所有し、車籍は秩父鉄道に置き、同社に運行委託するかたちでSL列車「パレオエクス

プレス」の運行を開始した。

観光振興財団が解散したため、2003年からはC58 363は秩父鉄道の所有となっている。

当初はJR東日本から借用した旧型客車を使用していたが、2000年にJR東日本から12系客車4両を譲渡され、塗装を濃緑色に変更して旧客を置換した。12年に行ったリニューアル時に、塗装を赤茶色に再度変更している。

▼ 秩父鉄道 デキ100

シールドビーム化されている現在のデキ100形

諸元

（102〜106号機）軸配置：B-B／最大長：12600mm／最大幅：2700mm／最大高：3400mm／制御方式：抵抗制御／制動方式：自動空気ブレーキ／主電動機出力：200kW／製造初年：1954年／製造所：日立

デキ100形105号機

戦後初の増備機として、1951年にデキ8（のちのデキ101）が登場、54〜56年に主電動機出力を160kWから200kWに変更するなど性能を強化したデキ102〜106が増備された。

73年、廃止された松尾鉱山鉄道から類似性能のED501・502（51年製）が譲渡され、デキ107・108に改番され、デキ100形に編入された。

現在、運用に入るのはデキ102・103・105の3両の模様。

▼ 秩父鉄道 デキ200

「パレオエクスプレス」の回送を牽引するデキ201

 諸元　軸配置：B-B／最大長：12600㎜／最大幅：2727.8㎜／最大高：3702.3㎜／制御方式：抵抗制御／制動方式：自動空気ブレーキ／主電動機出力：230kW／製造初年：1963年／製造所：日立

　デキ200形は、重量列車に対応するため、1963年に3両新製された。主電動機出力を230kWに増強するとともに、軸重移動による引張力低下を抑えるため、軸重移動を機械的に補償する構造の台車を装備している。

　車体はデキ100形よりも隅部に丸みがあり、前灯は白熱灯2灯（のちにシールドビーム化）となった。

　台車の軸重移動補償構造は設計通りの性能を発揮したが、軌道負担が大きく、台車の保守性も悪化したため、以後の採用はなくなった。このため、機関車の余剰が発生した際、優先的に整理の対象となり、2両が三岐鉄道に譲渡され、残ったデキ201は主に「パレオエクスプレス」の回送に使用される。

以前は「パレオエクスプレス」の12系客車に合わせた塗装が施されていた

181

秩父鉄道 デキ300

デキ300形301号機

諸元 軸配置：B-B／最大長：12600mm／最大幅：2727.8mm／最大高：3822.3mm／制御方式：
抵抗制御／制動方式：自動空気ブレーキ／主電動機出力：230kW／製造初年：1967年
／製造所：日立

　デキ200形では、重量列車の引き出し時などに起こる空転を防止するため、軸重移動による引張力低下を機械的に補償する構造の台車を採用していたが、設計どおりの引張力低下の補償が得られなかった。

　このため、本形式では、空転を検知すると、各台車の進行方向側の主電動機が弱め界磁になって空転を防止する電気的システムが採用され、通常構造の台車に戻された。この電気的なシス

テムによる空転帽子機能は期待どおりの性能を発揮した。

　一方、車体はデキ200形とほぼ同じだが、正面窓上のひさしは付けられていない。

　製造時は白熱灯だった前灯は、シールドビーム化されている。

　3機が製造され、現在も全機健在だ。

秩父鉄道 デキ500

機関車標準色のデキ501

 諸元　軸配置：B-B／最大長：12600mm／最大幅：2727.8mm／最大高：3822.3mm／制御方式：抵抗制御／制動方式：自動空気ブレーキ／主電動機出力：230kW／製造初年：1973年／製造所：日立

　デキ500形は、デキ300形の増備車として1973年に登場した。車体のマイナーチェンジを行いつつ80年まで増備が続き、7両が新製された。

　新製時から前灯がシールドビームに、空気圧縮機が高速型に変更された。また、松尾鉱業鉄道からの譲渡車デキ107・108の塗装を参考とした現在の標準色（青色に白帯）が採用された。

　三ヶ尻線開業に備えて79年に登場したデキ503・504から、正面窓が大型化され、ひさしが装着された。

　80年に増備されたデキ505では、避雷装置が変更され、前灯のライトケースが大型化された。最後に増備されたデキ506・507は、これまでデッキ手すりに装着していた尾灯が、車体埋め込み式となった。

　全機標準色で登場したが、2018年にデキ504はピンクに白帯に変更された。さらに東京オリンピック聖火リレー輸送に備え、2019年にデキ502は黄色一色、デキ505は緑一色になり、20年にデキ506は赤一色に変更された。

黄色に茶帯の旧電車標準色に塗装された
デキ502。現在はイベント用に黄色一色
となった

イベントに合わせピンクに白帯となった
デキ504

前面窓が大型化されたデキ503

前灯ライトケースが大型化されたデキ
505。イベント用に塗装を変更している

私鉄の電気機関車

　私鉄が保有する電気機関車下表のとおり15社だ。JRグループでは、貨物列車牽引用に保有するのはJR貨物のみで、JR東日本とJR西日本が臨時旅客列車のほか、工事列車など事業用途のために保有する。JR発足時には、JR四国以外の各社が電気機関車を保有していたが、定期客車列車が廃止され、臨時列車用の客車もJR東日本、JR西日本、JR九州の3社しか保有していないため、電気機関車は大幅に整理されてしまった。

　私鉄においては、貨物列車を運転する線区は非電化が多く、貨物列車用に電気機関車を保有する私鉄は、秩父鉄道、三岐鉄道、黒部峡谷鉄道の3社。旅客列車用に保有している私鉄は、秩父鉄道、大井川鐵道、黒部峡谷鉄道の3社だ。旅客用といっても、秩父と大井川本線は保存運転する蒸気列車の回送用や補機用なので、純粋に旅客用といえるのは、大井川井川線と黒部峡谷鉄道のみかもしれない。

　さて、残りの11社が保有する電気機関車は、車両回送用と工事・除雪用だ。現役車両の定期検査の回送用が、東京都交通局と伊豆箱根鉄道、新製車両入線時の回送用が名古屋鉄道、残る8社が工事・除雪用だ。本書で取り上げた銚子電気鉄道のように、保安機器の関係で本線に出ることができない車両でも籍が残っているケースもある。本線を走る姿が見られる車両は、何両あるだろうか。

<blockquote>

弘南鉄道　（2両）

上信電鉄　（3両）

秩父鉄道　（17両）

銚子電気鉄道（1両）

東京都交通局（4両）

伊豆箱根鉄道（2両）

大井川鐵道　（9両）

遠州鉄道　（1両）

名古屋鉄道　（2両）

三岐鉄道　（12両）

富山地方鉄道（1両）

黒部峡谷鉄道（21両）

北陸鉄道　（1両）

えちぜん鉄道（2両）

福井鉄道　（2両）／合計83両

</blockquote>

除雪用として残されているえちぜん鉄道ML521形

大井川鐵道でSL列車の補機などで使用される元西武鉄道E31形

埼玉新都市交通

本社所在地：埼玉県北足立郡伊奈町大字 小室288

設立：1980（昭和55）年4月1日

開業：1983（昭和58）年12月22日

線路諸元：案内軌条式／三相交流600V

路線：伊奈線／計12.7km（第一種鉄道事業）

車両基地：丸山車両基地

車両数：84両

||||||||||||||||||||||||||||||||||||||||||||||||

● 会社概要

　埼玉新都市交通は、大宮駅（埼玉県さいたま市）と内宿駅（北足立郡伊奈町）を結ぶAGT（新交通システム）「ニューシャトル」を運行する第三セクター鉄道事業者。

　東北・上越新幹線の沿線地域住民への補償の一環として計画され、国鉄（現・JR東日本）、埼玉県、大宮市（現・さいたま市）、上尾市、伊奈町、東武鉄道、金融機関などの出資で設立され、1983（昭和58）年12月22日に大宮〜羽貫間が開業、90年8月2日に内宿まで全通した。

　新幹線高架橋の一部を軌道用構造物に利用して整備され、東北・上越両新幹線が分岐する地点で二方向に向かう高架橋の間に車両基地を配置するなど、新幹線と一体で建設された。

　大宮駅は、いわゆるループ線を採用。半円を描く線形の軌道にホームを設置し、進行方向は変えずに折り返す構造。このため、編成の向きは一定ではない。大宮〜丸山間が複線、丸山〜内宿間が単線となっている。

● 車両概要

　開業時に投入された車両は1000系。4両編成だったが、のちに中間車を増備し6両編成となった。

　1998年からリニューアルを施工、形式を1010系に変更したが、2010年から新製車への置き換えが開始され、2016年に置換完了した。

　90年の内宿延伸用に1050系4編成が増備されたが、2019年から2020系での置き換えが開始され、2編成が残存している。2007年には、増発用として2000系が登場し、1010系の置換も2000系で行われたが、15年から2020系による置き換えが行われている。

　開業当初の1000系が装着していたタイヤは、発泡ウレタンを充填したノーパンクタイヤだったが、のちに中子式空気タイヤ（パンク時に車両を支えるアルミ製の中子が入っている）に交換された。以降の車両は、新製時から中子式空気タイヤを装着している。

埼玉新都市交通の走行タイヤ（鉄道博物館）

▼ 埼玉新都市交通 1050系

1050系53編成

諸元

最大長：先頭車8000mm、中間車8000mm／最大幅：2370mm／最大高：3190mm
／車体：普通鋼車体／制御方式：可逆式サイリスタレオナード制御／主電動機出力：
100kW／制動方式：回生ブレーキ併用電気指令式電磁直通ブレーキ／座席：ロングシー
ト／製造初年：1983年／製造所：新潟鐵工所、川重

　1050系は、1990年の内宿延伸用に投入された1000系のマイナーチェンジ車。

　1000系は同線開業時に投入されたサイリスタ位相制御の車両。前面の行き先表示は方向板を使用していた。老朽化が進行したため、2016年を最後に営業運転を終了している。

　1050系は性能面では1000系と変わらないが、前面窓をパノラミックウィンドウに変更し、行先表示器を運転台の下に設置したため、見た目の印象はかなり異なる。

　1000系では床置き式だったクーラーは、本形式では天井に設置され、定員が増加した。

　現在では、行先表示器の使用を停止して埋め込み、行先表示は行先方向板で行うようになった。

　4編成が新製されたが、現在残るのは2編成。19年に塗装が変更され、車体は白地となり、先頭部の運転席まわりは黒色となった。52編成は青の細いライン、53編成は緑の細いラインが施されている。

▼ 埼玉新都市交通 2000系

2000系第1編成

 諸元

最大長：先頭車8000mm、中間車8000mm／最大幅：2610mm／最大高：3240mm
／車体：ステンレス車体／制御方式：VVVFインバータ制御／主電動機出力：125kW
／制動方式：回生ブレーキ併用電気指令式空気ブレーキ／座席：ロングシート／製造
初年：2007年／製造所：川重

　2000系は、1983年の埼玉新都市交通開業以来使用されていた1000系の置換用に開発されたATG車両。置き換えを前に、輸送力増強用として2007年に第1編成が投入された。

　車内にゆとりを持たせるため裾絞りの拡幅構造としたステンレス車体を採用、制御装置はVVVFインバータ制御とした。

　無塗装の車体をベースに、編成毎に異なる色を前面と側面ラインに配している。各編成の色は、次のとおり。第1編成＝レッドパープル、第2編成＝オレンジ、第3編成＝グリーン、第4編成＝イエロー、第5編成＝ブルー、第6編成＝レッド、第7編成＝さくら色。

2000系第3編成

2000系第4編成

2000系第5編成

2000系第7編成

2020系21編成

諸元

車体長：先頭車7550mm、中間車7550mm／最大幅：2610mm／最大高：3240mm
／車体：アルミ車体／制御方式：VVVFインバータ制御／主電動機出力：125kW／制
動方式：回生ブレーキ併用電気指令式空気ブレーキ／座席：ロングシート／製造初年：
2015年／製造所：三菱重工、三菱重工エンジニアリング

1010系・1050系の置換用に2015年か
ら導入が始まった車両。同社で三菱重
工製車両の導入は初めて。

アルミ車体とすることで2000系より
軽量化を図り、車内デザインも一新。
2016年度のグッドデザイン賞を受賞し
た。2000系同様、前面と
側面ラインに編成ごとに
異なる以下のアクセント
カラーを配している。

第21編成＝グリーンク
リスタル、第22編成＝ブ
ライトンアンバー、第23
編成＝ピュアルビー、第
24編成＝ゴールデントパー
ズ、第25編成＝トワイ
ライトアメジスト。

2020系22編成

2020系23編成

2020系23編成

2020系25編成

AGTとは？

新世代の中量交通機関として1980年代に実用化されたシステムが、自動案内軌条式輸送システム（AGT＝Automated Guideway Transit）だ。新世代の交通機関（＝新交通システム）としては、さまざまなシステムが提案されていたが、国内の公共交通機関としてはAGTが最も早く実用化されたため「新交通システム」と呼ぶことが多い。法令上では、案内軌条式鉄道（軌道）の一種に分類される。

車両が小型でゴムタイヤを使用し、コンクリート製の高架軌道を使用することが多く、モノレールと呼ばれることもあるが、各路線で独自に命名した路線名の愛称で呼ばれるケースが多い。運営会社名では「新交通」や「新都市交通」の使用例が多かったが、東京臨海新交通が「ゆりかもめ」と改称したように、社名を路線の愛称に変更した例もある。

都市計画法で都市施設に指定されたATGは「都市モノレール整備の促進に関する法律」によるインフラ補助制度の対象となり、補助を受けるには原則として公道上に建設された軌道法に拠る施設（＝軌道）である

必要がある。一方、港湾法で整備される臨港道路としてインフラを共用する場合には、鉄道事業法による鉄道である必要があるため、同一路線内に軌道の区間と鉄道の区間が混在するケースもある。

実用化前には、鉄道車両メーカー等を中心にさまざまなシステムが開発された。大まかに分けると案内軌条位置で中央案内式、両側案内式、側方案内式の3タイプが考案された。

81年に国内初のAGT路線となる両側案内式神戸新交通ポートライナーと側方案内式大阪市交通局ニュートラムが開業、82年に中央案内式山万ユーカリが丘線が開業した。

一方、運輸・建設両省（当時）が83年に「新交通システムの標準化とその基本仕様」を軌道法によるAGTの仕様として発表したことにより、側方案内式・水平可動案内板式分岐・直流750V電化が標準仕様となった。

83年には埼玉新都市交通ニューシャトルが、85年には西武山口線レオライナーが開業したが、この2路線は鉄道事業法に拠る路線であるので、基本仕様に縛られない。89年開業の横浜新都市交通（当時）金沢シーサイドラインが基本仕様準拠の第1号である。

その後首都圏では、95年に「ゆりかもめ」、08年に「日暮里・舎人ライナー」の2路線が開業。現存する国内AGT9事業者のうち、6事業者が首都圏で運行している。

最新のAGT路線、日暮里・舎人ライナー

第５部
千葉の中小私鉄

銚子電気鉄道　いすみ鉄道
小湊鉄道　京葉臨海鉄道
千葉都市モノレール
舞浜リゾートライン
山万　流鉄

小湊鉄道キハ200

銚子電気鉄道

2010年に引退した801号は外川駅構内で保存されている

本社所在地：銚子市新生町2 -297
設立：1948（昭和23）年8月20日
開業：1923（大正12）年7月5日
線路諸元：軌間1067㎜／直流600V
路線：銚子電気鉄道線／計6.4㎞（第一種

鉄道事業）
車両基地：仲ノ町車庫
車両数：9両

‖‖‖‖‖‖‖‖‖‖‖‖‖‖‖‖‖‖‖‖‖‖‖‖‖‖‖‖‖‖‖‖‖‖‖‖‖‖

●会社概要

　銚子電気鉄道は、千葉県銚子市で
JR東日本総武本線銚子駅と外川駅を
結ぶ路線を運行する電化私鉄。
　関東平野の東端に位置し、利根川河
口の南岸にある銚子市は、江戸時代か
ら非常に栄えた。1910（明治43）年、
地元資本により銚子遊覧鉄道が設立さ
れ、13（大正2）年12月28日に総武本
線銚子駅と犬吠駅を結ぶ蒸気鉄道を開
業した。
　しかし経営状態は低迷するばかりで、
鉄材価格の高騰のあおりも受け、17年

に廃止。施設や車両を売却した。
　この廃線跡を利用して、銚子鉄道が
23年7月5日に銚子～外川間で開業し
た。当初計画では軌間762㎜の軽便鉄
道だったが、軌間1067㎜に変更され、
動力もガソリン機関車に変更された。
　しかしながら機関車の故障が多発し
たため、25年には直流600Vで電化さ
れ、伊那電気鉄道から木造4輪単車の
電車が導入された。
　48（昭和23）年8月20日、新たに設
立した銚子電気鉄道に全事業を譲渡し

現在に至る。50年代には、国鉄から臨時快速のディーゼルカーが乗り入れるなど、活況を呈した時期もあった。

観光鉄道として知られており、マスコミに登場することも多いが、知名度ほど経営状況は好調ではない。鉄道事業の欠損を補うため、物品の販売にも力を入れており、銚子電鉄の「ぬれ煎餅」はブランドとなっている。

変電設備は、300KWのシリコン変圧器1台を備える笠上黒生変電所のみ。供給電力の容量に制約があり、冷房車

JR銚子駅ホーム上にある乗り換え口

であっても走行中にクーラーの使用ができない。

● 車両概要 ⋯⋯⋯⋯⋯⋯⋯⋯⋯⋯⋯⋯⋯⋯⋯⋯⋯⋯⋯⋯⋯⋯⋯⋯⋯⋯⋯⋯⋯⋯⋯⋯⋯⋯⋯

現在の保有車両は、電気機関車1両、電車8両。ただし、84年に貨物営業を廃止して以来、機関車を営業運転で使用する機会はなく、構造上、本線で客貨車を牽引しての運転はできないため、保安機器も未整備である。また、800

形と1000形各1両も車籍は残るが、実質的には保存車である。

なお、すでに廃車となっているがトロッコ客車ユ101「澪つくし号」も残っている。

旧銚電標準色の2002号

▼ 銚子電気鉄道 2000形

2000形2502号。伊予鉄時代に中間車を貫通型先頭車に改造したため、3000形と似た前面形状になっている

 諸元　車体長：17000mm／最大幅：2700mm／最大高：4100mm／車体：普通鋼車体／制御方式：抵抗制御／主電動機出力：90kW／制動方式：電磁直通空気ブレーキ／台車：ウイング式コイルばね台車／座席：ロングシート／改造初年：2010年／製造所：日立（新製）

　2000形は、2010（平成12）年7月24日に運行を開始した元京王電鉄（以下、京王）2010形で、銚子電気鉄道初の冷房車。元車は、京王線初のカルダン車として1959（昭和34）年に登場した17m車で、前頭部は2枚窓のいわゆる湘南顔。

　84年から、一部が改軌（1372㎜→1067㎜）・降圧（1500V→750/600V）工事を受け、3両編成で伊予鉄道（以下、伊予鉄）に譲渡され、800系となった。伊予鉄入線後、冷房化が行われ、さらに93年から中間車の付随車に運転台を新設して2連化する改造が行われ

た。新設の運転台は、京王からの譲渡車である700系に似た形状の貫通形で、編成の前後で前頭部の形状が異なることになった。

　2009年に余剰車2編成の譲渡を受け、ワンマン化改造や車いすスペース新設などを行い、2001+2501・2002+2502となった。塗装も何度か変更されたが、現在は2001編成が青と水色のツートンカラー、2002編成が旧銚電標準色になっている。

▼ 銚子電気鉄道 3000形

2000形2500番台と前面形状が似ているが、拡幅車体のため車体断面が異なる

諸元

最大長：18000mm／最大幅：2800mm／最大高：4100mm／車体：普通鋼車体／制御方式：抵抗制御／主電動機出力：75kW／制動方式：電磁直通空気ブレーキ／台車：リンク式空気ばね台車／座席：ロングシート／改造初年：2016年／製造所：日車（新製）

　3000形は、16（平成28）年3月26日に運行を開始した元京王5100系。5000系と同等の車体に、吊掛け車から流用した機器で電装している。

　1988年までに京王から除籍され、一部が改軌（1372㎜→1067㎜）・降圧（1500V→750/600V）工事を受けて伊予鉄に譲渡された。

　伊予鉄では形式を700系に変更、のちに冷房化や電動車のカルダン駆動台車への交換を行い、伊予鉄の主力車両として活躍した。

　その後、一部が旧京王3000系に置き換えられ、1編成（713+763）が銚子電気鉄道に譲渡されて3001+3501となった。1985～2006年に運転されていた

トロッコ客車「澪つくし号」をイメージさせる塗装に変更されたこと、ワンマン化改造を施工されたこと以外は、伊予鉄時代と大差ない。

笠上黒生の側線に放置されている廃車されたトロッコ列車「澪つくし号」用車両。この写真では判りにくいが、現役当時の塗装を3000形で再現している

いすみ鉄道

本社所在地：千葉県夷隅郡大多喜町大多喜264

設立：1987（昭和62）年7月7日

開業：1988（昭和63）年3月24日

線路諸元：軌間1067mm／非電化

路線：いすみ線／計26.8km（第一種鉄道事業）

車両基地：大多喜運輸区

車両数：7両

||||||||||||||||||||||||||||||||||||||||||||||||

● 会社概要

いすみ鉄道は、JR東日本外房線大原駅（千葉県いすみ市）と上総中野駅（夷隅郡大喜多町）を結ぶ非電化路線を運行する第三セクター鉄道だ。上総中野駅を小湊鉄道と共用し、両線合わせて、房総半島横断鉄道を形成する。

国鉄からの経営分離が決定した木原線を運営するため、千葉県、大多喜町、大原町、地元企業・金融機関などが出資して1987（昭和62）年7月1日に設立、88年3月24日に開業した。木原線経営分離前に国鉄分割が行われたため、JR東日本木原線を経て、いすみ鉄道となった。

大原～大多喜間には、12（大正元）年に千葉県営で開業した人車軌道が27年まであったが、30年4月1日に国鉄大原線が開業、34年8月26日に上総中野まで全通した。線名の「木」は木更津、「原」は大原を現し、上総中野～上総亀山間を建設して久留里線と接続、国鉄による房総半島横断線となる計画だった。

● 車両概要

いすみ鉄道開業時に用意された車両は、富士重工業のLE-CarIIシリーズボギー車のいすみ100形7両。新製時はセミクロスシート車だったが、89～92年にオールロングシートに改装され、いすみ200形に形式を変更した。

その後、新潟鐵工所が開発したNDCシリーズの後継車である新潟トランシス製の軽快気動車への置き換えが進み、2018年に全車廃車され、当鉄道から富士重工製ディーゼルカーは淘汰された。

その一方、一般客向け車両とは別に、観光列車用に旧国鉄ディーゼルカーをJR西日本から譲り受け、ノスタルジックなムードが漂うローカル線を演出している。

現在は国鉄一般色のキハ52が首都圏色だった頃

▼ いすみ鉄道 いすみ300

キハ300形301

車体長：18500mm ／最大幅：3168mm ／最大高：3925mm ／車体：普通鋼車体／機関形式：SA6D125HE-1 ／機関出力：355PS ／伝達方式：液体式／制動方式：電気指令式空気ブレーキ、機関・排気ブレーキ／台車：ボルスタレス円錐積層ゴム式軸箱支持空気ばね台車／座席：セミクロスシート／製造初年：2012年／製造所：新潟トランシス

　同社開業以来、使用していた富士重工業製LE-CarIIの置換用として、2012年に新潟トランシスで新製された両運転台ディーゼルカー。

　観光客と通学の高校生などの地元客の需要に応えられる車両とした。先頭部は貫通式で、同系列車両との併結運転は可能だが、ブレーキ方式が異なる在来車（いすみ200形、旧国鉄車）との連結運転はできない。

　片開きの側扉はワンマン運転を考慮し、運転台直後に位置させる片側2ヵ所とされた。2段式の側窓は2連ユニットサッシ、座席配置はボックスシー

ト主体のセミクロスシートが採用された。塗装は千葉県花の菜の花をイメージした黄色をベースに、海山をイメージした濃淡の緑帯が施されている。

　エンジンは小松製作所製の直列6気筒横型のSA6D125HE-1（355PS）を1台搭載する。ブレーキは、電気指令式空気ブレーキを採用。

キハ350形351

 諸元

車体長：18500mm ／最大幅：3156mm ／最大高：3925mm ／車体：普通鋼車体／機
関形式：SA6D125HE-1 ／機関出力：355PS ／伝達方式：液体式／制動方式：電気指令
式空気ブレーキ、機関・排気ブレーキ／台車：ボルスタレス円錐積層ゴム式軸箱支持
空気ばね台車／座席：ロングシート／製造初年：2012年／製造所：新潟トランシス

　いすみ鉄道の開業以来、使用してい
た富士重工業製LE-CarIIの置換用とし
て11年から投入された新潟トランシス
製新造車両の第二次車で、12年12月に
入線した。

　会議や会食などのイベント運転への

いすみ鉄道しか保有しない前面形状を国鉄キ
ハ20系に似せた新製車

対応を考慮し、オールロングシートで
座席の前に簡易テーブルのセットが可
能な設備とし、収納式の簡易手洗い器
も設置されている。

　側窓は上段固定下段上昇の2段窓、
前面形状は国鉄キハ20をイメージした
形状になっている。

　塗装は、11年に導入のいすみ300と
同じで、黄色の車体に濃淡の緑帯が2
本入る。

　エンジンもいすみ300と共通で、小
松製作所の直列6気筒横型のSA
6D125HE-1（355PS）を1台搭載す
る。ブレーキは、電気指令式空気ブレ
ーキを採用する。

▼ いすみ鉄道 キハ20 1303

国鉄時代に戻ったような錯覚に陥りそうな外観

諸元 最大長：18000mm／最大幅：2800mm／最大高：3925mm／車体：普通鋼車体／機関形式：SA6D125HE-1／機関出力：330PS／伝達方式：液体式／制動方式：電気指令式空気ブレーキ／台車：ボルスタレス円錐積層ゴム式軸箱支持空気ばね台車／座席：セミクロスシート／製造初年：2015年／製造所：新潟トランシス

　老朽化したいすみ200の置換用として新製投入された5両の新型車両の最終車。新潟鐵工所のNCDシリーズの設計が取り入れられた新潟トランシス製ディーゼルカーだ。

　国鉄キハ20に似た先頭形状としたいすみ350と同等の車体だが、車内設備はいすみ300と同等のボックスシートを基本とするセミクロスシートとなり、WCが付いている。

　塗装は、国鉄気動車一般色と言われたオレンジとベージュのツートンカラ

ーを採用。前述の通り、国鉄キハ20をモデルとした前頭形状であるため、「キハ20 1303形」としている。

　車体外観は復元車調だが、足回りには現在の標準的な走行機器を採用し、ブレーキには電気指令式空気ブレーキを採用、エンジンは小松製作所の横型直列6気筒横型のSA6D125HE-1を搭載している。

▼ いすみ鉄道 キハ28 2346

キハ28＋キハ52

諸元

（キハ28 2346）最大長：21300mm ／最大幅：2944mm ／最大高：4076mm ／車体：普通鋼車体／機関形式：DMH17H ／機関出力：180PS ／伝達方式：液体式／制動方式：自動空気ブレーキ／台車：ウイングばね式コイルばね台車／座席：セミクロスシート／製造年：1964年／製造所：帝国車輌

　昭和の再現をテーマとする観光鉄道化を進めていたいすみ鉄道が、キハ52 125で運転していた観光用急行列車を強化するため、JR西日本から譲渡を受けた車両。

　キハ28は、国鉄の急行用ディーゼルカーを代表するキハ58系の1エンジンタイプ。北海道を除く全国各地で活躍した。急行だけでなく、普通列車に使われることも珍しくなかったので、急行の運転がないローカル線への入線もあった。同線で行われている一般形ディーゼルカーとの混結も珍しくなかったので、リアリティがある再現列車といえる。

　JR西日本時代に、ラッシュ対策で一部のボックスシートをロングシート化しているが、変更されていた座席モケットを原形に戻し、塗装も国鉄急行色に復元した。エンジンは原形のままで使用されていたため、国鉄時代に遡ったような経験が可能だ。

　ただし、同社での運転時にはイベント車として使用されていることが多い。

▼ いすみ鉄道 キハ52 125

キハ52＋キハ28

 諸元　（キハ52 125）最大長：21300mm／最大幅：2930mm／最大高：3975mm／車体：普通鋼車体／機関形式：DMH17H／機関出力：180PS／伝達方式：液体式／制動方式：自動空気ブレーキ／台車：ウイングばね式コイルばね台車／座席：セミクロスシート／製造初年：1965年／製造所：新潟鐵工所

　キハ52は、急勾配のある非電化線区の普通列車用として国鉄が開発し、1958（昭和33）年から製造したディーゼルカー。

　平坦線区用のキハ20を2エンジン搭載としたタイプで、エンジンを搭載するスペースを確保するため、全長が1.3m長い21.3mとなり、扉間のボックスシートが1つ多くなっている。さらに、床下機器が多いため、WC用の水タンクが床上に搭載されている。

　急勾配のある線区用として全国に配置されたが、本車は大糸線・南小谷～糸魚川間での運用を最後にJR西日本で2010年春に廃車となった。

　譲渡時は大糸線でのイベント用として国鉄気動車旧標準色に塗り替えられていたが、譲渡後、国鉄一般色に塗り替えられ、本線で再デビューした。

　一時期、首都圏色化されていたが、現在は再び国鉄一般色に戻されている。

　通常は、写真のようにキハ28と組んだ2両編成で観光急行に運用されている。キハ28はイベント会場となるケースが多いため、一般乗客はキハ52に案内されることが多い。

小湊鉄道

本社所在地：市原市五井中央東 1‑1‑2
設立：1917（大正 6）年 5 月19日
開業：1925（大正14）年 3 月 7 日
線路諸元：軌間1067mm／非電化
路線：小湊鉄道線／計39.1km（第一種鉄道事業）

車両基地：五井機関区
車両数：22両

||||||||||||||||||||||||||||||||||||||||||||||||||||

● 会社概要

　小湊鉄道は、JR東日本内房線五井駅（千葉県市原市）と上総中野駅（夷隅郡大多喜町）を結ぶ非電化私鉄。上総中野駅はいすみ鉄道との共用駅で、両社によって房総半島横断鉄道を形成する。文書やホームページなどで社名を「小湊鐵道」と表記することが多いが、正式社名は「小湊鉄道」だ。

　さて、1907（明治40）年の房総鉄道の国有化以後、房総半島の鉄道は海岸線に沿って進められていたが、内陸部での建設は具体化していなかった。そうしたなか、養老川流域で地元資本による鉄道建設が具体化し、13（大正2）年11月26日付で五井〜小湊間の軽便鉄道法による免許を取得、17年 6 月19日に小湊鉄道が設立された。地元資本だけでは難しく、安田財閥の出資を得て25年 3 月 7 日に五井〜里見間を開業、26年に月崎、28（昭和 3 ）年 5 月16日に上総中野まで開通した。上総中野〜小湊間でも一部用地買収などを行ったが、36年にこの区間の免許が失効し、延長計画はなくなった。

　外房への延長は断念したが、千葉市近郊の不動産開発を促進するとともに、養老渓谷方面への観光客誘致を図るため、57年に海士有木〜本千葉間の免許を取得した。この新線は、のちに京成電鉄が設立した千葉急行電鉄が一部区間を開業し、現在は京成千原線となっているが、海士有木までの延伸は具体化していない。

● 車両概要

　蒸機鉄道として開業した本鉄道だが、開業後、早々にガソリンカーを導入している。戦時下でガソリンカー使用が困難になると蒸気動車を導入、さらにガソリンカー 3 両の燃料を天然ガスに切り替えた。戦後は、天然ガスカーや譲渡された国鉄ガソリンカーをディーゼルエンジンに換装し、さらに買収国電の払い下げを受けてディーゼルカーに改造している。

　61年に国鉄キハ20をベースにしたキハ200を新製投入、国鉄房総西線列車に併結して千葉までの直通運転を実施。77年まで増備が続き、通常列車の使用車両はキハ200に統一された。現在、キハ200の老朽化対策として、JR東日本よりキハ40の譲渡を受けている。

　一方、観光客誘致策として、蒸気機関車を模したディーゼル機関車で牽引するトロッコ列車を新製投入している。

▼ 小湊鉄道 キハ200

サッシ窓・プレス扉という初期車の特徴を残すキハ204

諸元　最大長：20000mm ／最大幅：2903mm ／最大高：3880mm ／車体：普通鋼車体／機関形式：DMH17C ／機関出力：180PS ／伝達方式：液体式／制動方式：自動空気ブレーキ／台車：ウイングばね式コイルばね台車／座席：ロングシート／製造初年：1961年／製造所：日車

　1961年に登場した自社発注のディーゼルカー。

　国鉄キハ20をベースとした設計だが、オールロングシートでWCはない。さらに側扉・側窓の間隔や側窓の枚数も異なる。前頭部も前照灯の数やアンチクライマーの有無など相違点は多い。

　足回りはほぼ共通で総括制御も可能。国鉄房総西線（現・内房線）列車に連結し、千葉に直通する臨時列車が運転された時期もあった。

　77年までに14両が新製されたが、側窓の仕様の違いや、側扉がプレスタイプか否かといった違いにより3タイプに分類される。さらに、非冷房で残るキハ209・210以外は、サブエンジン方式のクーラーを搭載して冷房化された。

オールロングシートのキハ200形の車内

JR東日本から購入したキハ40

 最大長：21300mm ／最大幅：2930mm ／最大高：4055mm ／車体：普通鋼車体／機
関形式：DMF14HZ ／機関出力：300PS ／伝達方式：液体式／制動方式：自動空気ブ
レーキ／台車：ウイングばね式コイルばね台車／座席：セミクロスシート／製造初年：
1979年／製造所：富士重工、新潟鐵工所

キハ200の老朽化が進み、搭載する
DMH17Cエンジンユーザーが減少す
るとともに保守パーツなどが入手難に
なったことから、JR東日本より譲受
するキハ40で置き換えることとなった。

キハ40は、国鉄が老朽化した初期の
標準型ディーゼルカーを置き換えるた
めに1977年に投入を開始した一般用デ
ィーゼルカー。

両運転台のキハ40、片運転台で両開
き扉のキハ47、片運転台で片開き扉の
キハ48の3形式を開発し、酷寒地向け・
寒地向け・暖地向けなど、投入地区に
応じた装備の車両を製作した。

国鉄形ディーゼルカーの多くと混結
可能という汎用性の高さで使い勝手が

よかったが、JRグループで淘汰が始
まった頃には、いわゆる軽快気動車が
登場しており、国内私鉄にまとまった
両数が譲渡された例は、道南いさりび
鉄道以外にはない。

2021年5月と7月にJR東日本から
譲渡された5両のキハ40は、すべてデ
ッキなし、コイルばね台車の暖地形、
エンジンは原型のDMF15HSAからカ
ミンズ製DMF14HZに換装されている。

1両がWC撤去済みの1000番台、4
両はWC付きの2000番台だがWCは閉
鎖された。キハ40の譲受にあたり、台
車がキハ200と同形のDT22・TR51系
の暖地形を選んだ模様。

▼ 小湊鉄道「里山トロッコ」

客車の運転室を使用する推進運転

 （DB-4形）軸配置：A-1-A／最大長：8450mm／最大幅：2650mm／最大高：3500mm ／動力伝達方式：液体式／制動方式：自動空気ブレーキ／機関出力：348PS ／製造初年： 2015年／製造所：北陸重機工業

沿線に残る里山の風景を観光資源として活かすために計画された「トロッコ列車」。気動車改造も検討されたが、鉄道の原点への回帰も魅力とすべく、蒸気機関車を模した機関車DB-4が2軸客車（ハフ101-ハ102-ハ103-クハ104）を牽引するスタイルとなった。

機関車のベースは、北陸重機工業の25tディーゼル機関車。外観は小湊鉄道4号機（ドイツ・オーレンシュタインウントコッペル社C形タンク機関車）を模した。細身のボイラを模した車体にエンジンを搭載するためコンパクトなボルボペンタ製の縦型直列6気筒エンジンを採用している。客車の室内照明や制御の電源は、機関車から供給する。

4両編成の客車は、各車とも全長9mの板ばね2段リンク懸架の2軸車で、両端の密閉客車は発電機と家庭用エアコンを搭載、中間の2両は側面が開放されている。

スタフ閉塞である里見以南には機回し線がないため、最後部の客車には推進運転時に使用する片隅式運転室を備え、プッシュプル運転を行う。

207

京葉臨海鉄道

本社所在地：千葉市中央区新町18-14
設立：1962（昭和37）年11月20日
開業：1963（昭和38）年 9 月16日
線路諸元：軌間1067mm／非電化
路線：臨海本線／計23.8km（第一種鉄道
事業）
車両基地：機関区
車両数：7 両

||||||||||||||||||||||||||||||||||||||||||||||||||||||||||||||

● 会社概要 ⋯⋯⋯⋯⋯⋯⋯⋯⋯⋯⋯⋯⋯⋯⋯⋯⋯⋯⋯⋯⋯⋯⋯⋯⋯⋯⋯⋯⋯⋯⋯⋯⋯⋯⋯⋯⋯

　京葉臨海鉄道は、JR東日本外房線蘇我駅（千葉市）と京葉久保田駅（袖ケ浦市）を結ぶ貨物専業の非電化私鉄。京葉工業地帯の物資輸送を担うため、国鉄（当時）と千葉県、沿線への進出企業の出資で設立された第三セクター鉄道だ。

　1962（昭和37）年11月20日に設立され、63年 9 月16日に蘇我〜浜五井間が開業。国鉄・地元自治体・進出企業の出資による第三セクターが、港湾地区の貨物輸送を担う臨海鉄道を運行する例は全国で13社を数えたが、設立が最も古い。

　千葉貨物駅は、実質的にJR貨物の千葉県における拠点駅となったため、京葉工業地帯を発着地とする貨物だけでなく、各種の物資を運ぶコンテナを扱っている。

● 車両概要 ⋯⋯⋯⋯⋯⋯⋯⋯⋯⋯⋯⋯⋯⋯⋯⋯⋯⋯⋯⋯⋯⋯⋯⋯⋯⋯⋯⋯⋯⋯⋯⋯⋯⋯⋯⋯⋯

入換作業の打ち合わせ

　開業時に用意された車両は、国鉄DD13タイプのKD55形 2 両。その後、マイナーチェンジを経て、1995年までに計12両が増備された。85〜87年に国鉄から譲渡された 5 両も同形に編入された。

　なお、89年に廃線となった三井芦別鉄道から譲渡されたDD13タイプのDD503は、KD50形KD501となった。90年以前に入線したKD55形の一部は、エンジン改造または換装による出力増強で延命が図られたが、廃車が進んでいる。

　2001年以降の新製機関車は、エンジンを変更したKD60となり、2021年には電気式DD200が 1 両投入されている。

▼ 京葉臨海鉄道 KD55

京葉臨海線内を千葉貨物駅に向かう石油列車

諸元　（KD55 102）軸配置：B-B／最大長：13000mm／最大幅：2846mm／最大高：3927mm／動力伝達方式：液体式／制動方式：KE14自動空気ブレーキ／機関出力：600PS／製造初年：1992年／製造所：新潟鐵工所

　KD55は、入換や貨物列車牽引用として国鉄DD13をベースに開発されたディーゼル機関車。運転室（キャブ）の前後にあるボンネット内にエンジンを1基ずつ搭載する。1963〜75年に10両が新製投入された。また、新製機とは別に、旧国鉄機5両も編入されている。

　75年に新製されたKD5510は、91年にエンジン出力向上改造を行いKD55101に改番、92年には出力増強したエンジンを搭載したKD55102が新製された。さらに旧国鉄機のエンジンを換装したKD55 103・105、95年には冷房付きKD55201が新製されている。

　現在は、102・103・201の3両が残っている。

市原分岐点付近を単機回送されるKD55

千葉貨物駅から蘇我駅に到着した石油列車を牽引するKD60 3

諸元 軸配置：B-B／最大長：13600mm／最大幅：2860mm／最大高：3.849mm／動力伝達方式：液体式／制動方式：27LA空気ブレーキ／機関出力：560PS／製造初年：2001年／製造所：日車

　2001年に登場したKD60は、京葉線経由の貨物ルート開設による輸送量増加やKD55の老朽置換用として登場した新型機関車。

　KD55を引き継ぐ、エンジン2基搭

蘇我駅で入換作業をするKD60 4

載のセンターキャブ式機関車という形状だが、将来の1380トン牽引に対応するため、車体台枠を強化して自重を5トン増加させ60トンとした。エンジンは、三菱重工業製の縦型6気筒汎用ディーゼル機関S6A3-TAを採用した。エンジン外形がコンパクトになったため、ボンネットが低くなり、前方視界が改善された。

　ブレーキ弁は、国鉄DE10で採用したセルフラップ方式を採用し、ブレーキ操作の簡素化が図られている。

▼ 京葉臨海鉄道 DD200-800番台

川崎重工で新製され、京葉臨海鉄道まで運ばれるDD200-801

 諸元　軸配置：B-B ／最大長：15900mm ／最大幅：2950mm ／最大高：4019mm ／動力伝達方式：電気式／制動方式：電気指令式空気ブレーキ／機関出力：895 kW ／製造初年：2021年／製造所：川重

　DD200は、JR貨物がDE10置換用に開発した電気式ディーゼル機関車。セミセンターキャブ式車体を採用している。

　JR貨物では、本線上の貨物運輸のあるDD10の置換用に新製している。

　JR貨物以外では、当線と水島臨海鉄道・JR九州が導入しており、今後も導入鉄道事業者が増加すると思われる。

鉄道名等の記入がない

千葉都市モノレール

本社所在地：千葉市稲毛区萩台町199-1
設立：1979（昭和54）年3月20日
開業：1988（昭和63）年3月28日
線路諸元：懸垂式モノレール／直流1500V
路線：1号線（3.2km）、2号線（12.0km）
／計15.2km（軌道）
車両基地：萩台車両基地
車両数：32両

● 会社概要

　千葉都市モノレールは、千葉市内でサフェージュ式懸垂式モノレールを運営する第三セクター。1号線千葉みなと～県庁前間と2号線千葉～千城台間の2路線を運行している。

　高度成長期に千葉都市圏の交通事情が悪化したことから、千葉市と千葉県が1976（昭和51）年に都市モノレール導入のマスタープランを策定し、77年に懸垂式モノレールの採用が決定した。

　79年に第三セクター「千葉都市モノレール」を設立し、81年に軌道事業の特許を取得、82年に着工し、88年3月28日に2号線スポーツセンター～千城台間が開業した。

　続いて91（平成3）年6月12日に千葉仮駅～スポーツセンター間が延伸され、95年8月1日に1号線千葉みなと～千葉間が開業するとともに千葉本駅が開業した。

　99年3月24日には1号線千葉～県庁前が開業し、当初の予定路線が全通した。

　その後、延伸構想が検討されたが、投資効果が低いという結論に達し、1号線・2号線ともに延伸計画は白紙となっている。

　なお、千葉市の人口が想定ほど伸びなかったことなどから、全通後も経営内容が悪化。2005年度末に再建計画が策定された結果、06年度には初の黒字を計上、19年度まで黒字が続いている。

● 車両概要

1000形3・4次車の電気連結器付き連結器

　開業時に投入された車両は1000形、99年まで四次に分けて増備が行われた。2012年には、フルモデルチェンジを行い0形が登場した。メーカーは三菱重工、アルミ車体を採用している。

▼ 千葉都市モノレール1000形

すでに姿を消した二次形。行先表示器と電連の有無が目印

 諸元

最大長：14800mm ／最大幅：2580mm ／最大高：3085mm ／車体：アルミ車体／制御方式：抵抗制御、発電ブレーキ付／主電動機出力：65kW ／制動方式：電気指令式直通空気ブレーキ／座席：ロングシート／製造初年：1987年／製造所：三菱重工

　1000形は、当線開業時に投入された車両。軌道の負担を減らすため、軽量なアルミ車体が採用された。

　両開き扉を採用する2扉ロングシート車で、新造時から冷暖房設備を搭載していた。

　編成内は貫通通路で行き来できるようになっているが、急曲線通過時の事故防止のために非常通路となっており、通常は行き来できない。

　路線延長に合わせて4回に分けて新製されたが、一・二次車12編成は、すでに廃車となっている。

　次ページの1000形13編成の写真で確認できるように、現存する三・四次車は、2編成併結運用に対応するため、電気連結器を装備しているが、2編成併結の定期運用は今は行われていない。

　また、行先表示器はLED化された。なお、現存する編成はすべて全面ラッピング車となっている。

1000形20編成

千葉駅に停車中の1000形13編成。懸垂式モノレールの特徴として、ホームの高さが低く、転落事故が起きにくいことがわかる

▼ 千葉都市モノレール0形

0形21編成

諸元

最大長：14800mm／最大幅：2580mm／最大高：3085mm／車体：アルミ車体／制御方式：VVVFインバータ制御／主電動機出力：65kW／制動方式：回生・発電ブレーキ併用電気指令式空気ブレーキ／座席：ロングシート／製造初年：2012年／製造所：三菱重工

0形「アーバンフライヤー」は、1000形の置き換え用として2012年に投入が始まった。

1000形同様、アルミ車体が採用されたが、2編成併結運転の考慮はせず、電気連結器は取り付けられていない。

前面はガラス面を広く取り、側扉も下部に窓を設けた。オールロングシートだが、ハイバックのセパレートシートになった。

制御方式はVVVFインバータ制御、発電ブレーキ用抵抗器を搭載し回生ブレー

キ失効時に備えている。

0形も1000形と同様に、大半がラッピング車となっている。

0形24編成

舞浜リゾートライン

本社所在地：浦安市舞浜 2 -18
設立：1997（平成 9 ）年 4 月 9 日
開業：2001（平成13）年 7 月27日
線路諸元：跨座式モノレール／直流1500V
路線：ディズニーリゾートライン／計5.0

km（第一種鉄道事業者）
車両基地：舞浜リゾートライン車両基地
車両数：30両

||||||||||||||||||||||||||||||||||||||||||||||||||||

● 会社概要 ⋯⋯⋯⋯⋯⋯⋯⋯⋯⋯⋯⋯⋯⋯⋯⋯⋯⋯⋯⋯⋯⋯⋯⋯⋯⋯⋯⋯⋯

　舞浜リゾートラインは、千葉県浦安市の東京ディズニーリゾート（TDR）でモノレール「ディズニーリゾートライン」を運行する鉄道事業者。

　テーマパーク内の交通機関ではなく、京葉線舞浜駅前にあるリゾートゲートウェイ・ステーションと東京ディズニーランド・ステーション、オフィシャルホテルの近くにあるベイサイド・ステーション、東京ディズニーシー・ステーションを結ぶ園外の交通機関だ。したがって、鉄道事業法による正規の鉄道路線として認可を受けている。東京ディズニーリゾートを運営するオリエンタルランドの子会社で、京成グル

ープに属する。

　東京ディズニーシー（TDS）の開業に合わせ計画され、2001年 9 月のTDSオープンを前に、同年 7 月27日に開業した。

　モノレールの形式は日本跨座式。路線は単線のループで、列車は反時計回りのみの運行となっている。ATOによる自動運転を行うため、通常はドライバーキャスト（運転士）は乗車しない。そのため、先頭車の運転台は格納式で最前列まで客席が設置されている。最後尾は車掌室で、ガイドキャスト（車掌）が乗車する。

● 車両概要 ⋯⋯⋯⋯⋯⋯⋯⋯⋯⋯⋯⋯⋯⋯⋯⋯⋯⋯⋯⋯⋯⋯⋯⋯⋯⋯⋯⋯⋯⋯

すでに廃車となった10形ピーチ編成

　開業時に投入された10形と同形を置換するために2020年から順次投入中の100形の 2 形式が在籍する。

　 2 形式を併用するのは、今だけである。

▼ 舞浜リゾートライン10形

41〜46、グリーン編成

 諸元　最大長：先頭車15050mm、中間車13700mm／最大幅：2980mm／最大高：3655mm／車体：アルミ車体／制御方式：VVVFインバータ制御／主電動機出力：100kW／制動方式：回生ブレーキ併用全電気指令式電磁直通空油変換ブレーキ／座席：セミクロスシート／製造初年：2001年／製造所：日立

　10形は同線開業に投入された車両。当初、形式名は定められていなかったが、後継車の形式が100形と発表されると、既存車は10形と発表された。

　車体幅は、国内各線の日本跨座式の車両と同じだが、車体長はやや短い。VVVFインバータ制御、アルミ車体の2扉車で、先頭車の先頭部に固定クロスシートを2列備えるほかはロングシート。

　ただし、扉間のロングシートは「ファミリーシート」と称し、中央部がコ

ーナーソファーのように湾曲する。側窓は、ディズニーキャラクターを模した形状になっている。

　5編成が新製され、編成ごとに腰板部の波形ラインの色が変えられていたが、すでにイエローとピーチの2編成が廃車となっている。

　通常は、先頭にドライバーキャストが乗車する事はないので、先頭車には乗務員用のスペースはなく、乗務員用扉はない。ただし、最後部には乗務員用扉がある。

11 ～ 16、ブルー編成

31 ～ 36、パープル編成

10形独特のファミリーシート

▼ 舞浜リゾートライン100形

111〜116、イエロー編成

　1000形は、10形を置き換えるため、20年に日立製作所で新製された車両。

　側窓・扉窓が大きくなり、前灯などの形状も変更された。車体地色や足回りの色調もわずかに変わり、裾部の波打つアクセントカラーの波の形状も変わった。

　車内は先頭部の固定クロスシートが1列2脚になり、個性的だったファミリーシートを取り止め、一般的なロングシートに近い形状になった。

121-126、ピンク編成

山万

本社所在地：東京都中央区日本橋小網町
　6 - 1
設立：1951（昭和26）年 2 月20日
開業：1982（昭和57）年11月 2 日
線路諸元：中央案内軌条式／ 750V

路線：ユーカリが丘線／計4.1km（第一種
　鉄道事業）
車両基地：車両基地
車両数：9 両

‖‖

● 会社概要

　山万は、東京都中央区に本社を置く、不動産事業を主力とする企業。千葉県佐倉市で自社開発したニュータウン「ユーカリが丘」の交通機関としてAGT（新交通システム）のユーカリが丘線を運行する鉄道事業者でもある。

　同線は、京成本線ユーカリが丘駅前のユーカリが丘を起点とする全線単線のAGT。公園駅以北は、ループを描いて公園駅に戻るというテニスラケットのような線形を描く。ループ区間は逆時計回りの一方通行で運行する。

　1982（昭和57）年11月 2 日にユーカ

リが丘〜中学校間が開業、翌83年 9 月22日に中学校〜公園間が開業し、全通した。

　公営や第三セクターが多いAGT事業者では珍しい純粋な民間企業で、国内 3 路線目の一般営業を行うAGT路線である。

　複数のシステムが開発されたAGTのうち、日本車輌が開発した中央案内軌条式VONAを初めて採用した路線であり、次に採用した桃花台新交通がすでに廃線となったため、現状では唯一のVONA路線である。

女子大付近を走る「こあら 3 号」

▼ 山万 1000形

ユーカリが丘駅前を走る「こあら3号」

 諸元 | 最大長：先頭車8850mm、中間車8000mm ／最大幅：2500mm ／最大高：3300mm ／車体：アルミ車体／制御方式：抵抗制御／主電動機出力：150kW ／座席：ロングシート／製造初年：1982年／製造所：日車

　1000形は、開業時に用意された3両固定編成の車両。開業時は2編成、全通時に1編成が増備され、計3編成で運行する。「こあら号」の愛称があり、編成ごとに「こあら1号」「こあら2号」「こあら3号」と呼ばれる。非冷房車のため、夏季にはおしぼりや団扇のサービスを行っている。2007年度に前面行先表示装置がLED化された。

地区センター付近を走る「こあら3号」

鉄道車両メーカーの系譜3

● 総合車両製作所

　総合車両製作所はJR東日本の子会社で、製造拠点は横浜事業所（横浜市）と新津事業所（新潟市）の2ヵ所。横浜事業所（京浜急行電鉄金沢文庫〜金沢八景に隣接）からの甲種輸送の出場は、京浜急行電鉄逗子線上り線を利用した専用鉄道を使用し、横須賀線逗子駅から行う。新津事業所では、隣接する信越本線新津駅を利用して出場する。

　横浜製作所の前身は、東京急行電鉄（当時）の子会社だった東急車輛製造。1946年に東急興業横浜製作所として創業し、48年に東急横浜製作所として設立、53年に東急車輛製造と改称した。68年には帝國車輛工業（大阪府堺市）と合併したが、鉄道車両製造はのちに横浜に集約された。2012年に東急車輛製造から鉄道車両・鉄道コンテナ製造部門を承継し、JR東日本の子会社として総合車両製作所（英略称：J-TREC）が設立されている。

　新津事業所の前身はJR東日本新津車両製作所で、同製作所は41年に発足し、主に車両の検査・保守・改造を担った国鉄新津工場を前身とする。国鉄分割時に新津車両所としてJR東日本が承継し、94年に車両を自社生産する工場に転換、新津車両製作所に改称した。2014年にJR東日本から分社化され、J-TRECと統合している。

　東急車輛製造は、米国・バッド社との技術提携でオールステンレス車両を製造して以来、ステンレス車両製造では国内他社に先行してきた。国鉄や首都圏の私鉄各社を中心に多くの鉄道事業者にステンレス車を納入し、輸出の実績も多い。

　なお、新津製作所は通勤形電車製造に特化した設備をもち、J-TRECとなってからもJR東日本の通勤形をベースにした私鉄車両のみ製造する。一方、横浜製作所は東急車輛時代と同様、さまざまな車両を製作する。新津製作所からのJR東日本向け出場車両は、甲種輸送行わず、JR東日本の配給列車として出場した車両を首都圏に輸送する。

現在は裾絞り一般形車体のみ製造する新津製作所で製造された南武線用E233系8000番台

JR東日本E233系をベースにした相模鉄道12000系は、総合車両製作所横浜事業所で新製された

● 東芝インフラシステムズ

　総合電機メーカーの1社である東芝は、　　　　1899年から鉄道車両用電気品ほかを手が

け、電気機関車を中心に鉄道車両の製作を行う。鉄道関係の主力は今も駆動システムや空調システム・電動機などの電気品だが、機関車の製造は継続している。JR貨物向け機関車の製造を行うのは、今では東芝と川崎車両の2社のみだ。

なお、同社の鉄道システム事業は、2017年の分社化により、現在は東芝インフラシステムズが担当する。車両は府中事業所（東京都府中市）で製造され、甲種輸送の出場は武蔵野線北府中駅から行う。

青函トンネル用に新製されたED79は東芝が製造した交流機関車

EH200全機の製造は東芝が担当した

● 新潟トランシス··

　新潟トランシスは、2001年に会社更生法適用を申請した新潟鐵工所の交通システム・車両・除雪関連事業を引き継ぐ目的で、2003年に石川島播磨重工業（現・IHI）が設立した鉄道車両メーカー。設立時に、鉄道車両製造から撤退を決めた富士重工業（現・SUBARU）の同部門も継承した。

　IHIの前身・石川島造船所は、かつて小型蒸気機関車など鉄道車両を製造していたので、鉄道車両業界に復帰したことになる。

新潟鐵工所・富士重工業ともに客車とディーゼルカー製造が主力だったため、新潟トランシスもディーゼルカーを主力としている。また、新潟鐵工所が注力していたLRV（低床式路面電車）、AGTにも引き続き注力する。

　製造拠点は新潟事業所（新潟県北蒲原郡聖籠町。元・新潟鐵工所新潟構機工場）、甲種輸送で出荷する場合は、新潟東港専用線藤寄（旧・新潟臨海鉄道）まで陸送、同駅で載線する。

新潟東港専用線を利用して甲種輸送を行ったJR西日本キハ189系

新潟鐵工所が力を入れていたAGTも主力商品日暮里舎人ライナー 320形

流鉄

本社所在地：流山市流山 1 -264
設立：1913（大正 2 ）年11月 7 日
開業：1916（大正 5 ）年 3 月14日
線路諸元：軌間1067mm／直流1500V

路線：流山線／計5.7km（第一種鉄道事業）
車両基地：流山検車区
車両数：10両

||||||||||||||||||||||||||||||||||||||||||||||||||||||||||||

● 会社概要

　流鉄は、JR東日本常磐線馬橋駅（千葉県松戸市）と流山駅（流山市）を結ぶ単線の電化私鉄。

　流山市は、みりんの醸造で栄えた幕府直轄領であり、廃藩置県で誕生した葛飾県の県庁所在地だった。明治中期までは江戸川・利根運河の河川交通で栄えたが、常磐線の経路から外れたため、常磐線馬橋駅と連絡する軽便鉄道が出願され、1913（大正 2 ）年 7 月 1 日付で免許された。主に地元からの出資で同年11月 7 日に流山軽便鉄道が設立され、16年 3 月14日に軌間762mmの蒸気鉄道として馬橋～流山間が開業した。

　22年11月に流山鉄道と改称し、24年12月26日に1067mmへ改軌、33（昭和 8 ）年にはガソリンカーが導入された。戦後、49年12月26日に電化し、51年12月 3 日に流山電気鉄道に改称、さらに67年 5 月30日には総武電鉄と改称している。改称はさらに続き、71年 1 月20日には、当時の親会社である総武都市開発の社名から総武流山電鉄と改称、同年 5 月26日には国鉄常磐線複々線化に伴い、馬橋駅を専用ホームとした。そして2008年 8 月 1 日、総武都市開発の破綻に伴い、社名を流鉄に改めた。

● 車両概要

　電化時に旧南武鉄道の電車を国鉄から払い下げられ、その後も買収国電や西武から譲渡された旧型車両を使用していた。79年に同線初の20m車となる

西武501系の譲渡を受けると、編成ごとに愛称を付ける同社独特の習慣が始まった。以後は、西武からの譲渡車で代替するようになった。

5001「さくら」

▼ 流鉄 5000/5100形

5001「さくら」

諸元　最大長：20000mm ／最大幅：2850mm ／最大高：4246mm ／車体：普通鋼車体／制御方式：抵抗制御／主電動機出力：150kW ／制動方式：発電ブレーキ併用電磁直通空気ブレーキ／台車：軸ばね式空気ばね台車／座席：ロングシート／入線年：2009年／製造所：西武車両・東急車輛

　5000・5100形 は、2000形（元 西 武701・801系）・3000形（元西武旧101系）の置き換え用に西武から譲渡を受けた元西武新101系。

　2000形の一部と3000形は３両編成だったが、2005年に開業したつくばエクスプレスの影響で旅客が減少したことに対応し、全編成を２両編成とすることになり、新101系２両編成を５本譲受した。

　ワンマン化などの改造や塗装変更を行い、

2009年から2013年にかけて順次運用を開始、所属車両を5000・5100形に統一した。

5002「流星」

5003「あかぎ」

5004「若葉」

5005「なの花」

第6部
神奈川の中小私鉄

横浜市交通局　横浜シーサイドライン
湘南モノレール　江ノ島電鉄
神奈川臨海鉄道　大山観光電鉄
伊豆箱根鉄道大雄山線　箱根登山鉄道

併用軌道区間を走る江ノ電300形

横浜市交通局

3000A形

局所在地：横浜市中区本町6-50-10
設立：1921（大正10）年4月1日
開業：1972（昭和47）年12月16日
線路諸元：軌間1435mm／直流750V・1500V
路線：1号線（19.7km）、3号線（20.7km）、4号線（13.0km）／計53.4km（第一種鉄道事業）
車両基地：上永谷車両基地、新羽車両基地、川和車両基地
車両数：284両

IIIIIIIIIIIIIIIIIIIIIIIIIIIIIIIIIIIIIIIIIIIIIIII

● 交通局概要

　主に横浜市内で地下鉄やバスの運営を行う横浜市の部局。現在、地下鉄1号線・2号線（ブルーライン）と4号線（グリーンライン）を運営する。

　横浜市交通局は、横浜市が市内で路面電車を運営していた横浜電気鉄道を21（大正10）年4月1日に買収し、横浜市電気局を設立したことに始まる。

　46（昭和21）年5月31日に交通局と改称されたが、72年3月31日に路面電車・トロリーバスの営業を終え、市営鉄道事業は全廃された。

　一方、68年10月に起工した地下鉄は、72年12月16日に伊勢佐木町〜上大岡間が開業したことで鉄道事業を再開し、その後も徐々に延伸された。99年8月29日には、湘南台〜あざみ野間のブルーラインが全通、2008年3月30日には、中山〜日吉間のグリーンラインも全通した。

● 路線概要

横浜市営地下鉄は、1号線関内〜湘南台間・3号線関内〜あざみ野間・4号線日吉〜中山間の3路線が開業している。

3号線は、関内から本牧方面に延長する計画があったため、関内は分岐可能な構造で開業しており、現在もホームの欠番や留置線にその名残がある。

また2号線は、屏風ヶ浦〜神奈川新町間に計画されていたが、計画が廃止されたため欠番となっている。さらに、あざみ野〜新百合ヶ丘間の延伸計画の具体化が決定している。

正式の路線名とは別に、直通運転を行って一体の路線として運行する1・3号線は「ブルーライン」、4号線には「グリーンライン」の愛称があり、

愛称を用いた旅客案内が行われている。

ブルーラインは、横浜市中心部と郊外の新興住宅地を結ぶ路線で、典型的な放射状に延びる大都市近郊鉄道だ。一方、グリーンラインは大都市中心部の外縁を結ぶ環状鉄道構想の一部を具体化した路線であるため、横浜市中心部を通らない。

両線ともに、軌間は標準軌1435mmを採用する（1067mm軌間が多い関東の私鉄では珍しい）。ただし、ブルーラインは標準的なサイズの車体を使用する第三軌条式であるのに対し、グリーンラインは鉄輪式リニアモーター駆動のリニアメトロ（ミニ地下鉄）を採用しており、車両に互換性はない。

● 車両概要

これまでブルーラインに投入された車両は、ロングシートを標準とする3扉の18m車。

開業時に用意された1000形は、セミステンレス車体（内部構造は普通鋼、外板はステンレス）の抵抗制御車だった。登場時は非冷房車だったが、のちに冷房化された。前面は貫通路を中央に置くが、左右の前面窓の大きさが異なる左右非対称となっている。前面の「く」の字形状は、のちの車両デザインにも引き継がれている。

路線延長に伴って84年に増備された2000形は、軽量ステンレス構造、電機子チョッパ制御の新製冷房車になった。前面貫通路が助士席側にシフトした配置となり、貫通扉の窓がなくなったた

め、当時、営団地下鉄（現・東京メトロ）で増備されていた6000・7000・8000系と似たデザインになった。

なお、1000形、2000形はワンマン運転に対応していないため、全車廃車となっている。

92年からは、ワンマン運転に対応したVVVFインバータ制御車3000形が登場し、マイナーチェンジを繰り返しながら現在も増備が続いている。そのため、老朽化した初期車を3000形で置き換えるという事象が発生している。

鉄輪式リニアのグリーンラインは、開通以来、10000系のみを使用している。

3000N形

諸元

（3000V形）最大長：先頭車18540mm、中間車18000mm／最大幅：2760mm／最大高：3540mm／車体：ステンレス車体／制御方式：VVVFインバータ制御／主電動機出力：140kW／制動方式：電気指令式電磁直通空気ブレーキ／台車：ボルスタレスモノリンク式軸箱支持空気ばね台車／座席：ロングシート／製造初年：2017年／製造所：日車

新横浜〜あざみ野間延伸に備え、92年に登場。ステンレス車体を採用し、制御方式はVVVFインバータ制御となった。側扉の開口幅を1500mmに拡幅している。93年までに一次車6両8編成が新製された。2007年12月に開始されたワンマン運転に備え、2005年までに一次車に対応工事が施工され、3000A形と呼ばれるようになった。

戸塚〜湘南台間延伸に備え、99年に6両7編成を新製されたのが二次車。前頭部デザインが直線と平面で構成される形状に変更され、3000N形と呼ばれる。

開業時に登場した1000形置換用とし

て2004〜05年に新製されたのが3000R形と呼ばれる3000形三次車だ。前頭部デザインは3000N形をベースに、上部・下部に曲線を取り入れた形状となった。

2000形置換用として05〜06年に新製された第53〜60編成が、3000S形と呼ばれる3000形四次車だ。台車や補助電源装置などは2000形から流用している。

3000V形は、3000A形更新用として17年に1編成が新製された3000形の五次車となる。22〜23年度に7編成が追加投入される。

3000R形

3000S形

3000V形

▼ 横浜市交通局 10000形

10000系先行車

諸元

（二次車）車体長：先頭車15600mm、中間車15000／最大幅：2490mm／最大高：
3120mm／車体：アルミ車体／制御方式：VVVFインバータ制御／主電動機出力：
135kW／制動方式：電気指令式電磁直通空気ブレーキ／台車：積層ゴム式空気ばね台
車／座席：ロングシート／製造初年：2014年／製造所：川重

鉄輪式リニアモーターを採用した4号線（グリーンライン）用車両。先行試験車として4両2編成を2006年5月に登場させ、2008年の開業に合わせ量産車を13編成投入した。

第16編成は、グリーンラインの開業10周年を記念して2018年2月から「グリーライン10周年記念列車」として、市電をイメージしたラッピングが施されている

日本地下鉄協会の「リニアメトロ電車新標準仕様」に準拠している。16m級3扉ロングシート車でアルミ車体を採用し、全駅が島式ホームであるため、右側運転台となっている。

試作車と量産車の主な相違点は、運転台直後側面にある換気口、後部標識灯の形状など。

輸送力増強のため14年に増備された二次車は、暖房能力の強化や正面非常扉はしごの改良が行われ、側面戸袋部のグラデーションや後部標識灯のデザインなどが変更されている。

10000系一次車。先行車では運転室直後の側面にあった換気口が廃止された。先頭部下部コーナーに設置されている後部標識灯が20mmセンター寄りになっているが、写真で違いを判断するのは困難だ

10000系二次車。電灯をLED化するとともに、後部標識灯の取り付け法を変更した。先頭部窓下に緑の細帯が施され、側面戸袋部に描かれたグラデーションの配色が一次車と逆になった。さらに、前部行先表示灯がフルカラー LEDに変更された

横浜シーサイドライン

本社所在地：横浜市金沢区幸浦 2 - 1 - 1
設立：1983（昭和58）年 4 月22日
開業：1989（平成元）年 7 月 5 日
線路諸元：側方案内軌条式／直流750V
路線：金沢シーサイドライン／計10.8㎞

（軌道）
車両基地：幸浦車両基地
車両数：90両

||||||||||||||||||||||||||||||||||||||||||||||||||||||||

● 会社概要

　横浜シーサイドラインは、横浜市磯子・金沢区でAGT（新交通システム）の金沢シーサイドラインを運行する軌道事業者。1983（昭和58）年 4 月22日に設立された当時の社名は「横浜新都市交通」だったが、2013（平成25）年10月 1 日に社名を「横浜シーサイドライン」に改称した。

　横浜市金沢区の埋立地に開発された工業団地や臨海公園への交通機関が計画され、需要から中量交通機関が選ばれた。計画が具体化するなかで、運輸・

開業時に登場した1000形

建設両省（当時）が共同で新交通システムの標準仕様を制定し、新交通システム標準仕様の第 1 号として、側方案内軌条式、直流750Vが採用された。

　横浜市、京浜急行、西武鉄道などが出資する第三セクターで、高架橋などのインフラ部は道路として建設され、案内軌条や保安施設などAGTとしての設備は事業者が建設した。このため、全線が軌道法で管轄される。

　84年 4 月17日に新杉田～金沢八景間の特許を取得後、89（平成元）年 7 月 5 日に新杉田～金沢八景（仮）間が開業、2019年 3 月31日に金沢八景の正規駅が開業し、全線での営業を開始した。

● 車両概要

　1983年の開業時に準備された車両は1000形。新交通システム標準仕様の第 1 号車両である。普通鋼車体のロングシート車、交通営団（現東京地下鉄）以外での採用例が少なかった 4 象限チョッパ制御（高周波分巻チョッパ制御）を採用した。東急車輌（現総合車両製作所）、新潟鐵工所（現新潟トランシス）、日本車輌、三菱重工が 5 両編成17本を製造したが、老朽化の進行で2014年までに2000形に置き換えられている。

▼ 横浜シーサイドライン2000形

2000形標準塗装

諸元 最大長：先頭車8000mm、中間車8000mm／最大幅：2467mm／最大高：3341mm
／車体：ステンレス車体／制御方式：VVVFインバータ制御／主電動機出力：120kW
／制動方式：回生ブレーキ併用全電気式ブレーキ／座席：セミクロスシート／製造初
年：2011年／製造所：総合車両

　2000形は、同線開業以来使用されて
いた1000形を置き換えるために2011年
に登場した新型車両。1000形より幅
100㎜を拡大したステンレス製ワイド
ボディが採用された。

　座席配置は、集団見合式固定クロス
シートとロングシートを千鳥配置した
セミクロスシート。ロングシート上部
には、荷物棚が設置された。

　制御装置は、1000形の電機子チョッ

パ制御に代わり、VVVFインバータ制
御が採用されている。

　車体外部の戸袋部や側扉、前面窓下
などに幾何学模様のアクセントが配さ
れている。46編成は赤黒のライン、48
編成はシーサイドウェーブと呼ばれる
特別デザインとなっている。

赤黒ラインに変更されている第46編成

「シーサイドウェイブ」と呼ばれる特別デザインが施された第48編成

モノレールの種類

● モノレールとは

本書の読者ならば、モノレールが、鉄道事業法または軌道法が管轄する鉄軌道の一種だということはご存じだろう。

しかし、いわゆる公共交通機関ではない施設でもモノレールと称するケースがあることはご存じだろうか。遊園地のモノレールを思い出されただけでは、正解とは申し上げられない。最近増えているのは、傾斜地昇降装置として導入された施設だ。ラック式軌道を利用してかなりの急勾配にも対応する施設が、各地に登場している。こうした施設もまたモノレールなのだ。かなり大規模な施設も登場しており、なかなか興味深い路線もあるが、公共交通機関である鉄道を扱う本書では割愛する。

さて、一般的な鉄道が、2本の軌条（レール）を対にした軌道を使用するのに対し、1本の軌条を軌道とする鉄道をモノレールと称する。モノレールの歴史はかなり古く、ヨーロッパでは18世紀に登場している。以来、さまざまなタイプのモノレールが登場ないし考案されたが、現在の日本では2つの方式が主流となっている。

● 跨座式と懸垂式

モノレールを大別すると、軌道にまたがる跨座式と軌道にぶら下がる懸垂式に大別される。

日本で正式に運輸省（当時）の許認可を受けて開業したモノレールは、1957（昭和32）年に上野動物園内で開業した懸垂式の上野懸垂線だ。都電に代わる新たな交通機関の実験線として独自に開発された。

その後、三菱重工業が技術導入したサフェージュ式と呼ばれる懸垂式が導入された。フランスで開発され、下面中央部に溝状の開口部がある箱形の軌道桁を使用するのが特徴。軌道桁の内側を走行路として使用し、架線も軌道桁内部に位置するため、天候などの影響を受けにくいことが長所だ。

このほか日本で採用された懸垂式として、駆動方式が循環式鋼索鉄道に近いロープ駆動式もある。

一方、跨座式の第一号は、62年に開業した名古屋鉄道ラインパークモノレール線で、西ドイツで開発されたアルヴェーグ式を採用した。同方式の特徴は、コンクリート製軌道桁とゴムタイヤを使用する点だ。

その後、運輸省の委託により、アルヴェーグ式を改良して客室床をフラットにした日本跨座式が開発された。現在の跨座式は同方式が標準となっている。

国内の跨座式としては、東芝式・ロッキード式もあった。

現在残っている方式は、サフェージュ式、ロープ駆動式、アルヴェーグ式、日本跨座式の4種類。ロープ駆動式以外は首都圏で現役だ。

アルヴェーグ式の東京モノレール

湘南モノレール

本社所在地：鎌倉市常盤18
設立：1966（昭和41）年4月11日
開業：1970（昭和45）年3月7日
線路諸元：懸垂式モノレール／直流1500V
路線：江の島線／計6.6km（第一種鉄道事業）

車両基地：深沢車庫
車両数：21両

||||||||||||||||||||||||||||||||||||||||||||||||||||

● 会社概要

　湘南モノレールは、JR東日本東海道本線大船駅（神奈川県鎌倉市）と湘南江の島駅（藤沢市）を結ぶモノレールを運行する鉄道事業者。サフェージュ式懸垂モノレールの販売を促進するため、三菱重工業・三菱電機・三菱商事の出資により1966（昭和41）年に設立された。

　1920年代、江ノ島電鉄が大船〜江ノ島間に計画していた新線の予定地を転用し、京浜急行が運営していた有料道路の上空に建設された。

　70年3月7日、大船〜西鎌倉間を開業、71年7月1日に全線開通した。

　開業当初は、懸垂型モノレールのショールーム的な要素もあったが、今では年間乗客数が延べ約1000万人に達する公共輸送機関となっている。

　都市近郊路線ではあるが、モノレールでは珍しい山岳トンネルや地上駅と呼びたくなるほど地上と近い駅があり、中間駅はすべて無人駅であるなど個性的なモノレールだ。

● 車両概要

　同線の車両の特徴としては、全車三菱重工製アルミ車体ということが挙げられる。

　開業時に用意された車両は片運転台車の300形で、2両編成で使用された。

5000系第2編成以降のクロスシート

75年に中間車320形が増備され、2両編成4本と3両編成2本になり、92（平成4）年までに廃車された。

　また、80年には千葉都市モノレール向けの車両開発のため、試験車両として400形3両編成1本が登場した。中間車は付随車で先頭車より車長が短かった。

　300形の老朽化対策とサービス水準向上のため、88年には冷房車500形が導入された。先頭車と中間車の車長が揃えられ、全車電動車となった。すでに400形、500形ともに5000系に置き換えられて廃車となっている。

▼ 湘南モノレール 5000系

5000系第1編成

諸元　車体長：先頭車12750mm、中間車12750mm／最大幅：2650mm／最大高：3094mm／車体：アルミ車体／制御方式：VVVFインバータ制御／主電動機出力：55kW／制動方式：回生・発電ブレーキ併用電気指令式空気ブレーキ／座席：固定クロスシート／製造初年：2004年／製造所：三菱重工

　唯一の非冷房車だった400形の経年劣化が進行し、その置換を目的として2004年に導入された車両。軽量化を図るため、開業時から採用していたアルミ車体を継続し、制御方式は同社初のVVVFインバータ制御を採用した。側扉も初の両開きとなった。台車揺枕に空気ばねが採用されるとともに、走行タイヤ、案内タイヤは空気入りタイヤとなり、乗り心地が改善された（パンクに備えて補助車輪を設置）。
　第1編成では、400形、500形のボックスシート主体のセミクロスシートに代わって、集団見合い配列の固定クロスシートが採用されたが、500形置換

5000系第2編成

239

用に増備された第2編成以降は、着席定員を確保しつつ立席スペースを増やすため、座席をボックスシート形にするとともに、車端部に1人掛けシートを配置している。

　同社歴代の車両は、シルバーのボディに赤帯をまとっていたが、5000形第2編成以降は、編成ごとに帯色を変えている（第1編成＝赤、第2編成＝青、第3編成＝緑、第4編成＝黄、第5編成＝紫、第6編成＝黒、第7編成＝ピンク）

5000系第3編成

5000系第4編成

5000系第5編成

5000系第6編成

5000系第7編成

江ノ島電鉄

本社所在地：藤沢市片瀬海岸 1 - 8 -16
設立：1926（大正15）年 7 月10日
開業：1902（明治35）年11月25日
線路諸元：軌間1067mm／直流600V
路線：江ノ島電鉄線／計10.0km（第一種

鉄道事業）
車両基地：極楽寺検車区
車両数：30両

||||||||||||||||||||||||||||||||||||||||||||||||||||||||||

● 会社概要

江ノ島電鉄は、JR東日本東海道本線藤沢駅（神奈川県藤沢市）とJR東日本横須賀線鎌倉駅（鎌倉市）を結ぶ電化私鉄。現在は、鉄道事業法による鉄道事業者だが、江ノ島〜腰越間などの併用軌道に軌道法で開業した名残がある。

1898（明治31）年12月20日付で江ノ島電気鉄道が藤沢〜鎌倉間の軌道特許を取得し、1902年 9 月 1 日に藤沢〜片瀬（現・江ノ島）を開業、10年11月 4 日には小町（現・鎌倉）まで全通した。

11年11月 3 日に横浜電気と合併、横浜電気は21（大正10）年 4 月 8 日に東京電灯と合併するが、27（昭和 2 ）年の金融恐慌の影響で事業を見直すことになり、東京電力の鉄軌道事業は整理されることになった。旧江ノ島電気鉄道の軌道は、26年 7 月10日付で設立されていた江ノ島電気鉄道に譲渡された。

同社は、38年10月に東京横浜電鉄（現・東急）の傘下に入り、44年11月18日付で軌道から地方鉄道となった。

戦後は観光開発に注力することになり、49年 8 月 1 日に社名を江ノ島鎌倉観光に改称した。"大東急"の解体により、一時的に東急・小田急両社の共同の子会社となるも、53年に小田急単独の子会社になった。

50年代後半から、通勤・通学輸送対策にも力を入れるようになったが、観光輸送はマイカーの普及で低調となった。しかし70年代に入って道路が渋滞するようになると業績が回復し、81年に現在の社名である江ノ島電鉄に改称した。

現在では、独特の沿線風景もさることながら、ドラマやアニメなどの舞台となることが多く、「江ノ電」自体が観光スポットになっている。

● 車両概要

軌道を出自とするため線路条件が厳しく、入線可能な車両には制限がある。したがって他社からの車両譲渡はほとんど期待できず、大半が自社発注車である。また、全車両が 2 車体連接車で

あることも特徴といえる。さらに、2 編成併結運用が多いため、全車両を電気指令式空気ブレーキに統一し、総括制御を可能としており、併結車両の制限がないことも特徴である。

▼ 江ノ島電鉄300形

レールファンからも一般の観光客からも人気の高い300形

 編成長：24100mm／最大幅：2500mm／最大高：3910mm／車体：普通鋼車体／制
御方式：抵抗制御／主電動機出力：50kW／制動方式：発電ブレーキ併用全電気指
段制御式電磁直通ブレーキ／台車：軸ばね式コイルばね台車／座席：ロングシート／
製造初年：1960年／製造所：東横車輌工業

　同社現役車両で、唯一の他社譲渡車両。1950年代に行った鉄道事業強化の一環で、他社から譲渡された路面電車タイプの車両を2車体連接車に改造し、300形6編成にまとめている。そのため、出自が異なる編成も存在した。

　現在残る300形は、305-355の1編成のみ。60年に京王電鉄デハ2000形の台枠を利用して東横車輌で新造した車体を組み合わせた編成だ。89年に台車・主電動機などを交換し、カルダン化のうえ、冷房化も行った。98年には、主制御器を2000形などと同タイプに交換。ブレーキも、発電ブレーキ併用電気指令式電磁直通ブレーキに変更された。

　こうした近代化の一方、いわゆる「バス窓」の側窓や木製床は存置されたため、本物のレトロ電車として人気が高い。

江ノ島電鉄 1000形

1000形一次車

 諸元　成長：25400mm／最大幅：2450mm／最大高：4000mm／車体：普通鋼車体／制御方式：抵抗制御／主電動機出力：50kW／制動方式：発電ブレーキ併用全電気指令段制御式電磁直通ブレーキ／台車：軸ばね式コイルばね台車／座席：ロングシート／製造初年：1987年／製造所：東急車輌

　1970年代の江ノ島電鉄では、さまざまな経歴をもつ旧型車の老朽化が課題だった。そのため、48年ぶりの新型車として、1000形が79年から新製された。仕様を変えながら87年まで五次に分けて増備され、リニューアル工事も実施されている。

　79年に登場した一次車2編成は非冷房車（85・86年に冷房化）、81年登場の二次車は冷房準備車（82年に冷房化）だったが、外観はほぼ同じ。ともに冷房化された今では、前照灯取付け部の切り込み形状に若干の差異がある程度だ。

　83年登場の三次車から新製冷房車となり、前照灯が角形に変更された。なお、三次車までは、急曲線の通過を考慮し、軸距を縮小するために吊り掛け駆動が採用された。この三次車は、国内の1067mm軌間の鉄道新製車で最後の吊り掛け車となった。

　その後、保線技術の向上や使用実績から、軸距は急曲線通過に大きな影響がないことが判明したため、86年投入の四次車からカルダン駆動化された。

　2003〜14年の間に、旅客設備の拡充を中心とするリニューアル工事が順次施工されている。

1000形二次車

1000形四次車

リニューアル工事施工年

1001-1051	2003年更新
1002-1052	2004年更新
1101-1151	2006年更新
1201-1251	2011年更新
1501-1551	2013年更新
1502-1552	2014年更新

江ノ島電鉄 2000形

2000形2001-2051編成

諸元

編成長：25400mm／最大幅：2450mm／最大高：4000mm／車体：耐候性鋼板・ステンレス材／制御方式：抵抗制御／主電動機出力：50kW／制動方式：発電ブレーキ併用全電気指令段制御式電磁直通ブレーキ／台車：軸ばね式コイルばね台車／座席：ロングシート（一部クロス）／製造初年：1990年／製造所：東急車輌

2000形2003-2053編成

　600形置換用として1990〜92年に3編成が新製された。1000形四次車をベースに、サービスレベルの向上を図って開発された車両だ。

　塩害対策のため、車体外板は耐候性鋼板主体だが、それ以外はステンレス材を使用している。前頭部は大型曲面ガラスを用いた1枚窓、行先表示器は正面窓下部に配置され、側窓は1000形に引き続きサッシレスの下降窓となった。座席はロングシートが基本だが、観光路線であることから、運転台後部に前頭部向けの固定クロスシート、連結面車端部にボックスシートが設置されている。

▼ 江ノ島電鉄 10形

10形10-50編成

諸元

編成長：25400mm ／最大幅：2554mm ／最大高：4000mm ／車体：耐候性鋼板・ステンレス材／制御方式：抵抗制御／主電動機出力：50kW ／制動方式：発電ブレーキ併用全電気指令段制御式電磁直通ブレーキ／台車：軸ばね式コイルばね台車／座席：セミクロスシート／製造初年：1997年／製造所：東急車輌

　同社では、1992年の2000形増備からしばらくの間、新製車の導入を控えていたが、開業95年を記念して97年に300形1編成を置換する新製車として10形を導入した。

　2000形をベースとするヨーロッパ調レトロ電車で、車体幅は1000形・2000形より100㎜拡幅され、ホームとの接触を避けるため裾絞りの構造となった。

　車体は、2000形同様、正面と側窓周辺の外板に耐候性鋼板が用いられ、その他の部材にはステンレスが使われている。

　屋根は、冷房装置などの屋上機器を内部に収めた二重屋根風のデザインが採用された。正面窓、側窓、側扉の上部にはアーチが配され、オリエント急行をイメージして紫紺に塗装された腰板には、ヴィクトリア朝の柄模様があしらわれている。さらに窓下には黄色の帯が巻かれている。側扉は当社新製車としては初めて両開き扉を採用した。

　座席配置は2000形と同じだが、袖仕切りに難燃処理済みのナラのムク材を使用し、レトロ感を演出している。

　先頭部下部には、路面電車の救助網をイメージさせる補助排障器が装備されている。

247

▼ 江ノ島電鉄 20形

20形22-62編成

諸元

編成長：25400mm ／最大幅：2554mm ／最大高：4000mm ／車体：耐候性鋼板・ステンレス材／制御方式：抵抗制御／主電動機出力：50kW ／制動方式：発電ブレーキ併用電気指令式電磁直通空気ブレーキ／台車：軸ばね式コイルばね台車／座席：ロングシート（一部クロス）／製造初年：2002年／製造所：東急車輌

　2002（平成14）年に開業100周年を迎えることを記念して、老朽化していた501-551号の代替車両として新製されたのが20形21-61号だ。翌年に1編成を増備している。

　車体は、防蝕性を重視した2000形以降の設計を引き継ぎ、妻板と側板は耐候性鋼板、台枠・屋根・床にはステンレス材が用いられている。

　外観は、車体幅を2500㎜に拡幅し、裾絞り形状を採用した10形のヨーロッパ調レトロ車体をベースとしたが、軽量化・保守点検作業性向上を図るため、二重屋根形状と側窓アーチ形状は廃止された。

　塗色はグリーンとクリームのツートンカラー、腰板部などに金色の線状装飾が施されている。

　座席はロングシートが基本だが、運転室の後位のみ海側1列、山側2列の運転室向き固定クロスシートとなっている。なお、鎌倉方には1人掛けクロスシートは設置されず、車椅子スペースとされている。

　本形式により500形を置き換え、江ノ電の冷房化が完了した。また、先頭部の行先表示器が江ノ電で初めてLED化された。

▼ 江ノ島電鉄 500形

500形501-551編成

 諸元 編成長：25400mm ／最大幅：2500mm ／最大高：4000mm ／車体：ステンレス車体 ／制御方式：VVVFインバータ制御／主電動機出力：60kW ／制動方式：回生・発電ブレーキ併用全電気指令式電磁直通空気ブレーキ／台車：すり板式コイルばね台車／座席：セミクロスシート／製造初年：2006年／製造所：東急車輛

　500形は、300形置換用として2006年、08年に各1編成が新製された。現時点では、同社最新の形式となる。

　同社初のVVVFインバータ制御車だが、台車は300形（91年と92年に台車交換でカルダン駆動化）から流用し、主電動機を交換している。

　なお、同社では2編成を連結して運転する場合、中間に入る車両のパンタグラフを下降させるのが通常だが、同形式では、前ページの写真のように他形式との連結の場合も含め、すべてのパンタグラフを上昇させるようだ。

　本形式では、初代500形の車体デザインをイメージさせる丸みを帯びた前

頭部形状を採用した結果、前面窓は大型の曲面ガラスによる一枚窓となっている。江ノ電初のオールステンレス車体となったが、全塗装されている。

　クロスシートは20形よりも減らされ、藤沢方の乗務員室後部にのみ固定クロスシートが設置されている以外は、ロングシートとなっている。

　側扉は20形に引き続き両開き扉が採用され、室内の上部には液晶案内表示器が設けられた。さらにドアチャイムも設置された。

神奈川臨海鉄道

本社所在地：川崎市川崎区駅前本町11- 2
設立：1963（昭和38）年 6 月 1 日
開業：1969（昭和39）年 3 月25日
線路諸元：軌間1067mm／非電化
路線：水江線（2.6km）、千鳥線（4.2km）、浮島線（3.9km）、本牧線（5.6km）／計 16.3km（第一種鉄道事業）
車両基地：塩浜機関区
車両数：7 両

|||||||||||||||||||||||||||||||||||||||||||||||||||||||||

● 会社概要

　神奈川臨海鉄道は、横浜市・川崎市臨海部の工業地帯において非電化の貨物鉄道を運行する鉄道事業者。国鉄（現JR貨物）と沿線自治体・企業が出資する第三セクターだ。川崎貨物駅を起点に、浮島町・千鳥町地区を結ぶ 2 線区と、根岸駅と横浜本牧駅を結ぶ線区で貨物列車を運行している。

　国鉄・神奈川県・川崎市・沿線関係会社の出資で1963（昭和38）年 6 月 1 日に設立され、64年に塩浜操車場（現・川崎貨物）駅を起点とする 3 線区が開業。さらに横浜市が出資し、69年に根岸駅を起点とする本牧線が開業した。2017年に水江線が廃止となり、現在は 3 線区で運行している。

　積荷が液体の場合、以前はタンク車利用が一般的だったが、近年はタンクコンテナの利用が増えている。

● 車両概要

　所属ディーゼル機関車は、開業以来すべて新製車で、国鉄やJR・私鉄からの移籍車がないことは特筆される。開業時には小型機も保有していたが、DD13タイプのDD55が主力機となり、94年まで新製が続いた。2005年には後継機DD60が登場している。

　車両基地は川崎貨物駅構内にある塩浜機関区、横浜本牧駅構内にある塩浜機関区横浜派出の 2 ヵ所。横浜派出所属車の検査を塩浜機関区で行うため、JR貨物の甲種車両輸送を利用して機関車の移動を行う。

川崎貨物駅で入換作業中のDD60

▼ 神奈川臨海鉄道 DD55

塩浜機関区での検査を終え、横浜派出に甲種車両輸送で戻るDD55

諸元 　軸配置：B-B ／最大長：13600mm ／最大幅：2860mm ／最大高：3849mm ／動力伝
達方式：液体式／制動方式：自動空気ブレーキ／機関出力：500PS ／製造初年：1979
年／製造所：富士重工

　DD55は自重55トンのセンターキャ
ブ機。両エンドに国鉄DD13と同じ
DMF31SBエンジン各1基を搭載する。
DD551が汽車製造製だったが、増備機
は富士重工が製造した。なお、18号機、
19号機のラスト2両は、直噴化した
DMF31SDエンジンを搭載する。
　現在、塩浜機関区と横浜派出に各2
両が所属している。

川崎貨物駅に到着したDD55

251

▼ 神奈川臨海鉄道 DD60

川崎貨物駅で待機するDD60

諸元　軸配置：B-B／最大長：13600mm／最大幅：2860mm／最大高：3890mm／動力伝達方式：液体式／制動方式：27LA空気ブレーキ／機関出力：560PS／製造初年：2005年／製造所：日車

DD60の運転室

　同社主力機DD55形の経年劣化進行に対応するため、2005年に導入された新型機。DD55形同様、エンジン2基を搭載するセンターキャブ機だが、自重を5トン増加させ、機関出力を60PSアップした。

　エンジンは、三菱重工業が船舶や建設機械用として開発した軽量小型の汎用エンジンS6A3-TA直列6気筒縦型を採用。運転室の居住性を向上させるためエアコンを装備した。

　DD55形を置き換えるため徐々に増備が進み、現在は3両が保有されている。いずれも塩浜機関区に所属し、川崎地区で運用される。

甲種車両輸送

　甲種車両輸送とは、鉄道車両を鉄道貨物として輸送する方式のこと。鉄道車両として製作されていても、国の許認可を受けなければ鉄道車両として扱うことはできないため、鉄道を利用しての輸送であっても回送列車とはならず、貨物として輸送する。

　国鉄では、小型車両を貨車に搭載して輸送する方式を乙種車両輸送と称し、輸送対象の車輪や仮台車でレール上を輸送する方式を甲種車両輸送と称していた。しかし、貨車に搭載できるような車両の輸送なら、トレーラーで陸送したほうが何かと都合がいい。このため、JR貨物では乙種車両輸送が廃止され、甲種車両輸送のみが残った。

　現在の甲種車両輸送の多くは、車両メーカーで新製された車両を、発注した鉄道事業者に納品するための輸送だ。通常、納品場所までの輸送は受注メーカーの責任で行われるため、JR西日本の新車をJR西日本の路線上を甲種車両輸送で輸送するようなケースもある。運転を開始する前の新車や、通常は見られない遠隔地で使われる車両を見られるため、レールファンの人気が高い。

　新車の輸送だけでなく、鉄道事業者が他社に譲渡する車両の輸送に使われることもある。また、自社の路線が離れて存在する場合、車両の交代や検査のため、甲種車両輸送を行うこともある。たとえば、伊豆箱根鉄道、西武鉄道、神奈川臨海鉄道がそうだ。

日立製作所笠戸事業所を出場した西武30000系。甲種車両輸送の牽引機EF66連結作業中

川崎重工で製造された都営大江戸線車両を甲種車両輸送で運搬。軌間が異なる場合は、写真のように仮台車を利用する

大山観光電鉄

本社所在地：伊勢原市大山667
設立：1950（昭和25）年7月21日
開業：1965（昭和40）年7月11日
線路諸元：軌間1067mm／鋼索鉄道

路線：大山鋼索線／計0.8km（第一種鉄道事業）
車両数：2両

IIIIIIIIIIIIIIIIIIIIIIIIIIIIIIIIIIIIIIIIIIIII

● 会社概要

　小田急グループの一員である大山観光電鉄は、神奈川県伊勢原市にある大山阿夫利神社などの参拝用鋼索鉄道（大山ケーブルカー）を運行する鉄道事業者。

　大山ケーブルカーの前身・大山鋼索鉄道は1931（昭和6）年8月1日に開業したが、44年2月11日付で戦時廃止。再開をめざして50年7月21日付で大山観光が設立され、51年に路線免許を再取得、53年に社名を大山観光電鉄に改称して65年7月11日に再開業を果たした。戦時休廃止となった鋼索鉄道は20路線あるが、再開を断念した4路線を除き、再開までに最も時間を要した。

　鋼索鉄道の起終点駅は、楔形ホームで乗車ホームと降車ホームを区分することが多いが、当線山頂の阿夫利神社駅は単式ホームという点が珍しい。また、交換所が中間駅というのも国内で唯一の事例だ。

　車両、電気設備、軌道、土木構築物の老朽化が進んだため、大規模なリニューアルが行われ、2015年10月1日に運行を再開した。

● 車両概要

　65年の営業再開時に、日立製作所で全長10m、2扉の車両が新製された。2015年のリニューアル時には、旧車両の車台を流用して車体を新製し、山麓側と山頂側で印象が全く異なる個性的な車両になった。線路は架線レスシステムとなり、通信は無線化、サービス電源は蓄電池として停留場の剛体架線で給電する。

2015年まで使用されていた旧車両

▼ 大山観光電鉄 100形

ブリリアントグリーンにシルバーを配した102。山麓側前頭部に大型曲面ガラスを採用し、山頂側とまったく異なるデザインとなっている

諸元　最大長：11306mm ／最大幅：2580mm ／最大高：3626mm ／車体：鋼製車体／改造年：2015年／製造所：小田急エンジニアリング、川重、大阪車両工業

　2015年のリニューアル時に、旧車両の車台を流用して車体更新した車両。旧車両の面影はなく、斬新な形状の車体となった。ブリリアントグリーンをベースに、101と102でアクセントカラーを使い分けている。山麓側は乗務員スペースの直後に3人掛の座席を配した展望席を設置し、山頂側の前面窓と側窓も大型ガラスを使用している。

写真上　アクセントカラーはゴールド。屋根に連なる大型曲面ガラスが印象的

写真下　山頂側前頭部は山麓側とはまったく異なる前面形状。車両の前後でこれだけ形状が異なる鋼索鉄道車両は珍しい

伊豆箱根鉄道大雄山線

開業：1925（大正14）年10月15日
線路諸元：軌間1067mm／直流1500V
路線：大雄山線／計9.6km（第一種鉄道事業）

車両基地：大雄山線分工場
車両数：22両

||||||||||||||||||||||||||||||||||||||||||||

● 会社概要

　伊豆箱根鉄道は、神奈川県の大雄山線、静岡県の駿豆線・十国鋼索線を運行する鉄道事業者。本社は静岡県三島市にある。

　大雄山線は、大雄山最乗寺への参詣鉄道建設のために設立された大雄山鉄道により、1925（大正14）年10月15日に開業した。その後、33（昭和8）年に箱根土地（現・プリンスホテル）の傘下に入り、41年に戦時統合令により駿豆鉄道と合併した。57年6月1日付で駿豆鉄道が伊豆箱根鉄道と改称し、同社大雄山線となった。

　半径100mの曲線があるため、車両は最長18m以下に限定している。その

ため、所属全車が元17m級国電という時代もあったが、全車が5000系に置き換えられた。

　全般検査などの大規模な検査は駿豆線大場工場で施工する。そのため、小田原〜三島間で定期的にJR貨物の甲種車両輸送が行われる。

　なお、同社は神奈川県内で駒ヶ岳鋼索線（ケーブルカー）と駒ヶ岳ロープウェイも運行していたが、鋼索線は2005年8月31日限りで廃止された。一方ロープウェイは、16年にプリンスホテルへ譲渡され、現在も運行している。

● 車両概要

大場工場から甲種車両輸送で大雄山線に戻る5501編成

　当線は、緑町付近に半径100mの急曲線があるため、17m級以下の車両を用いる時代が長く続いた。1976年に1500Vに昇圧してからは、全車が元17m級国電（他社経由での入線を含む）になったが、84〜96に新製投入された5000系に統一された。

▼ 伊豆箱根鉄道 コデ165

大場工場で検査を終えた5000系を牽引するコデ165

諸元　最大長：16800mm ／最大幅：2880mm ／最大高：4200mm ／車体：普通鋼車体／制御方式：抵抗制御／主電動機出力：100kW ／制動方式：自動空気ブレーキ／台車：釣り合い梁式板ばね台車／改造年：1997年／改造所：自社

　相模鉄道からの譲渡車で、元17m級国電クモハ11を更新整備した車両（相模鉄道時代は2000系）。5000系投入で吊り掛け車が淘汰されるなか、最後まで残った。工事列車などで電気機関車代わりに使用されていたコデ66が老朽化していたため、両運化などの改造を受けて後任に就いた。
　駿豆線大場工場で5000系が検査を受ける際は、定期列車を運休して小田原まで牽引する。運休の告知があるため、部外者でも走行を知ることでき、多くのレールファンが集まる。

甲種輸送で小田原に戻ってきた5000系を出迎えに行くコデ165

▼ 伊豆箱根鉄道 5000系

以前の標準色だった赤電色塗装になった第1編成

諸元 （第2編成）最大長：先頭車18000mm、中間車18000mm／最大幅：2850mm／最大高：4079mm／車体：ステンレス車体／制御方式：抵抗制御／主電動機出力：120kW／制動方式：電気ブレーキ併用電気指令式空気ブレーキ／台車：軸ばね式空気ばね台車／座席：ロングシート／製造初年：1986年／製造所：東急車輛

　老朽化が進んでいた吊り掛け車を置き換えるため、84年に登場した3両編成の両開き3扉18m級車。連結面間隔を広げることで、18m車の通過が不可能と言われた急曲線に対応した。また、当線初のカルダン駆動・冷房車となり、サービス水準が一気に向上した。

2019年に帯色を黄色とした第4編成

　第1編成は普通鋼車体のロングシート車だったが、86年登場の第2編成からはステンレス車体となった。90年登場の第5編成では中間車1両が転換式クロスシートのセミクロスシート車になり、93年登場の第6編成からは前頭部にスカートを装着し、全車が転換式クロスシートのセミクロスシート車となった。

　登場時は白地（ステンレス地）にライオンズブルーの太帯という出で立ちだったが、現在は第1編成が以前の標準塗装だった「赤電色」となっているほか、帯色を黄色や緑色に変更した編成もある。

ステンレス車体に青帯の標準タイプ

スカートが装着されている第6・第7編成

箱根登山鉄道

小涌谷で交換するモハ2形と3000形

本社所在地：小田原市城山1-15-1
設立：2004（平成16）年10月1日
開業：1919（大正8）年6月1日
線路諸元：軌間983・1067・1435mm／直流750・1500V

路線：鉄道線（15.0km）、鋼索線（1.2km）／計16.2km（第一種鉄道事業）
車両基地：入生田検車区
車両数：30両

||||||||||||||||||||||||||||||||||||||||||||||||||||||||

● 会社概要

　粘着式鉄道では国内最急となる80‰の急勾配で有名な箱根登山鉄道は、神奈川県小田原市と同県箱根町で鉄道線と鋼索線（ケーブルカー）の2路線を運行する鉄道事業者。

　鉄道線は、JR東日本・小田急電鉄小田原駅と強羅駅（足柄下郡箱根町）を結ぶ。国府津駅前〜湯本間で開業した小田原馬車鉄道が始祖に当たる。1900（明治33）年、水力発電により馬車鉄道を電化し、社名を小田原電気鉄道に改称して国内4番目の電気鉄道に

なった。

　19（大正8）年6月1日に箱根湯本〜強羅間の鉄道線が開業したが、軌道線との直通は行われなかった。28年（昭和3）年には日本電力（現関西電力）に吸収されたが、同年8月16日に箱根登山鉄道として独立している。

　35年10月1日に小田原〜箱根湯本間の鉄道線が開業し、小田原〜強羅間の直通運転を開始。これにより、箱根板橋〜箱根湯本間の軌道線は廃止され、残存区間は小田原市内線として56年ま

で運行を続けた。

鉄道線は、50年8月1日に小田原〜箱根湯本間が1500Vに昇圧され、1435㎜と1067㎜の三線軌条区間となり、小田急が乗り入れるようになった。93（平成5）年6月11日には箱根湯本〜強羅間が750Vに昇圧、続いて同年7月14日から同区間での3両編成運転が始まった。

2006年3月ダイヤ改正では自社車両の小田原乗り入れを廃止し、小田原〜箱根湯本間は小田急車両のみでの運転となった。この結果、三線軌条区間は車庫への回送列車が走る入生田〜箱根湯本間のみとなり、小田原〜強羅間の直通運転は不可能となった。

鋼索線は、強羅の別荘地内の交通機関として建設され、国内2番目の鋼索鉄道として1921年12月1日に開業。44年には戦時休止となるが、50年7月1日に営業を再開した。

60年の箱根ロープウェイ全通により箱根ゴールデンコースの一部となり、輸送力の増強が求められるようになった。

● 車両概要 ………………………………………

鉄道線は、急勾配・急曲線が多数存在するため、勾配の対応した小型車しか入線できない。そのため開業間もない時期に増備が行われた後は、長期間にわたって増備は行われなかった。

1981年にカルダン駆動の1000形が登場すると、戦前形の一部にもカルダン駆動化が行われたが、3000・3100形の登場で置き換えが間近と思われる。

鋼索線は、50年の再開に際して2代目車両に更新、さらに71年3月20日には3代目車両が登場した。

その後、鉄道線3両編成化に伴い、輸送力増強が計画され、94年にスイス・フォンロール社の技術を導入。4代目としてガングロフ社製の2車体1編成のアルミ製車両が登場した。

さらに、2020年3月20日から5代目車両として、京王重機整備で新製したオールロングシートの車体を4代目の足回りに載せて運行を開始した。

川崎重工から甲種車両輸送で運ばれる3000形

▼ 箱根登山鉄道 モハ1形

あじさいの横を登るモハ1形

 諸元

最大長：14660mm ／最大幅：2590mm ／最大高：3990mm ／車体：半鋼製車体／制御方式：抵抗制御、電気制動付／主電動機出力：95kW／制動方式：SME電磁直通ブレーキ、レール圧着ブレーキ／台車：軸ばね式コイルばね台車／座席：ロングシート／改造年：1950年／改造所：汽車製造

開業時に7両を新製したチキテ1形を前身とする車両。日本車輌製の車体に、米・ブルリ製台車、米・ゼネラルエレクトリック（GE）製電気品、米・ウェスチングハウス（WH）製ブレーキが艤装された。

1両が早々に事故廃車となったが、6両は50年に鋼体化の上複電圧車化され、52年には形式をモハ1形に変更され、車番は100を加えてモハ101〜104・106・107となった。なお、旧形式の「チ」は地方鉄道、「キ」は客車、「テ」は手荷物室を現す記号だった。手荷物室は木造時代に順次撤去され、チキ1形となったようだ。

複電圧化に伴い、制御器がGE製直接式から東芝製間接式に交換されるなど、GE製の電気機器は姿を消し、台車も60〜61年に交換された。

さらに93年には片運転台化され連結面に非常用貫通路が設けられた。現存する104・106号は、2006〜07年に台車交換が再度実施され、カルダン駆動化されている

▼ 箱根登山鉄道 モハ2形

小涌谷駅に停車中のモハ2形・1形

 最大長：14660mm ／最大幅：2590mm ／最大高：3990mm ／車体：半鋼製車体／制御方式：抵抗制御、電気制動付／主電動機出力：95kW／制動方式：SME電磁直通ブレーキ、レール圧着ブレーキ／台車：軸ばね式コイルばね台車／座席：セミクロスシート／改造年：1956年／改造所：東急車輛

　チキテ2形を前身とする車両で、増備車として27年に3両、小田原〜箱根湯本間鉄道線開業用として35年に2両が新製された。

　先の3両は日本車輌製の木造車体、あとの2両は川崎車輌製の半鋼製車体にスイス・シュリーレン製台車とスイス・ブラウンボベリー製主電動機、東芝製制御器を組み合わせて製造された。

　52年の形式変更時には、旧形式同様に形態が異なるままモハ2形に変更され、モハ108〜112となった。

　複電圧改造は、108〜110は50〜54年に、111・112は58・59年に実施された。

　108〜110の鋼体化は55〜57年にクロ

スシート化と同時に実施、シート配置と窓配置を合わせたため、モハ1形よりも窓幅が狭く、枚数が増えた。

　108〜109は85年にカルダン駆動化され、108は現在も現役を続けているが、111・112は91年に廃車された。

　これによりモハ1形・2形は古典的な車体に似つかわしくないカルダン駆動となっている車両が3両残っていることになる。

▼ 箱根登山鉄道 1000形

大平台付近を走る1000形「ベルニナ号」

諸元

最大長：先頭車14660mm、中間車14660mm ／ 最大幅：2580mm ／ 最大高：3953mm ／車体：鋼製車体／制御方式：抵抗制御／主電動機出力：95kW ／制動方式：電気指令式電磁直通空気ブレーキ、抑速ブレーキ／台車：軸ばね式コイルばね台車／座席：セミクロスシート／製造初年：1981年／製造所：川重

　クモハ1000形「ベルニナ号」は、1981・84年に２両固定編成各１編成を新製した同社初のカルダン駆動電車。輸送力増強のため、35年以来の増備車として登場した。姉妹提携を結ぶスイス・レーティッシュ鉄道ベルニナ線にちなみ愛称が命名された。

登場時の塗装に復元された「ベルニナII」

　側扉間は転換式クロスシート、車端部はロングシート、片運車であるが急曲線通過時の貫通路は危険なので、連結面も非貫通構造で登場した。

　04年に冷房化されたが、スペースの関係で複電圧仕様の冷房電源が搭載できず750V仕様の電源装置を従来の複電圧仕様の補助電源装置の代わりに搭載、1500V区間の補助電源を確保するため、複電圧仕様の電源を搭載する2000形の中間車を組込み３両編成とした。このため、非常用貫通路を設置、連結車端部に床置式冷房機を搭載、転換式クロスシートをボックスシートに変更した。

▼ 箱根登山鉄道 2000形

小涌谷駅に到着する2000形

諸元

車体長：14660mm ／最大幅：2580mm ／最大高：3953mm ／車体：鋼製車体／制御
方式：抵抗制御／主電動機出力：95kW ／制動方式：電気指令式電磁直通空気ブレーキ、
抑速ブレーキ／台車：軸ばね式コイルばね台車／座席：セミクロスシート／製造初年：
1989年／製造所：川重

　2000形「サン・モリッツ号」は、
1989年と91年に2両固定編成各1編成、
97年に3両固定編成1編成が新製され、
同社初の冷房車となった。セミクロス
シート車で、運転台背後に展望席が設
けられ、冷房機器は連結面側車端部に
床置式クーラーが搭載されている。93
年に中間車が新製され、先に2両編成
で登場した2本が3両編成化されてい
る。

　2004年の1000形冷房化時、2000形の
中間車を電源車として1000形2両の固
定編成に組み込んで3両編成化したた
め、2000形2本は2両編成に戻り、3
両編成は1本だけになった。2000形に

レーティッシュ鉄道を走る氷河急行を模した
塗装の第3編成

増結可能な車両がなかったため、2両
編成となった2本は収容能力を向上さ
せるためにロングシート化された。
13・14年に3000形連結運転対応のジャ
ンパ線新設などの改造工事が行われた。

▼ 箱根登山鉄道 3000形・3100形

小涌谷駅に停車中の3000・3100形

（3000形）最大長：14660mm／最大幅：2574mm／最大高：3974mm／車体：ステンレス車体／制御方式：VVVFインバータ制御／主電動機出力：50kW／制動方式：回生・発電ブレーキ併用電気指令式電磁直通ブレーキ、保安ブレーキ（レール圧着ブレーキ）／台車：軸ばね式コイルばね台車／座席：ボックスシート／製造初年：2014年／製造所：川重

　3000形「アレグラ号」は2014年に登場した両運転台車で、同社初のVVVFインバータ制御車。回生・発電ブレーキ併用電気指令式ブレーキを採用し、回生ブレーキで不足するブレーキ力を発電ブレーキで補うブレーキチョッパを導入した。ブレーキ用抵抗器はこれまでの抵抗制御車と同様屋上に搭載する。暖房にも使用する空調装置も屋上に搭載し、補助電源は主変換装置のVVVFインバータと一体化したVVVF/SIV装置となった。パンタグラフは同社初のシングルアーム式となり、こちらも同社初のステンレス車体を採用したが、バーミリオン・グレー・ダークグレーの塗装を行っている。側窓は大型化され、特に運転台と側扉の間の窓は床近くまで窓となっている。

　17年に登場した3100形「アレグラ号」は、3000形の片運転台車バージョン。屋上空調機となったことで連結面妻窓の設置が可能となり、車端部のシートも妻面向きに設置されたため、急曲線通過が体感できる設計になっている。

　3000形は、2000形2連・3100形への増結のほか、3000形同士での2連運用も行われる。

▼ 箱根登山鉄道 ケ10形・ケ20形

アレグラ号（3000形）と同じバーミリオンはこね色のケ11・21

諸元 編成長：24770mm ／最大幅：2420mm ／最大高：3580mm ／車体：鋼製車体／製造
初年：2020年／製造所：京王重機整備

　駅舎更新に合わせた制
動装置・巻上装置更新に合
わせて投入された鋼索線
の5代目車両。4代目車両
で新製した足回りや制動
装置を流用して、京王重機
整備で新製された。
　ケーブルカーでは珍し
いオールロングシートを
採用している。車外行先表
示装置や車内案内表示装
置を装備し、海外からの観
光客を念頭に多言語での
案内に対応している。

青色のケ12・22

箱根山の伊豆箱根鉄道

　現在の伊豆箱根鉄道は、箱根山ではバスと芦ノ湖の遊覧船運航しか行っていないが、以前は鉄道事業も行っていた。鉄道事業と言っても、一般的な鉄道路線を運行していたわけではない。箱根駒ヶ岳に登る2つの交通機関、鋼索鉄道（ケーブルカー）と普通索道（ロープウェイ）を運行していたのだ。

　一見、ロープウェイと鉄道は関係ないように見えるが、ロープウェイは鉄道事業法の管轄下にある索道事業にあたり、索道は広義の鉄道といえる。伊豆箱根鉄道は、箱根山で鉄道を2路線を運営していたことになる。

　箱根駒ヶ岳は、箱根カルデラの中央火口丘の一つで溶岩ドームであるため、山頂はなだらかな平地になっており、スケート場などのレジャー施設が運営されていた時代もあった。現在は、レジャー施設はなくなったが、眺望に優れるため、いまも訪れる人が多い。

　駒ヶ岳鋼索鉄道は、1957（昭和32）年に南東斜面で建設されたが、芦ノ湖畔側の南西斜面に駒ヶ岳索道線（駒ヶ岳ロープウェー）が建設されて63年に開業したため、山麓駅へのアクセスが劣る鋼索鉄道の利用は頭打ちとなり、2005年に廃止された。

　一方、駒ヶ岳ロープウェーは2016年1月に、同じ西武グループのプリンスホテルに譲渡され、伊豆箱根鉄道の路線ではなくなった。この結果、伊豆箱根鉄道が箱根山で運営する鉄道路線は消えた。

2005年8月31日を最後に廃止された伊豆箱根鉄道駒ヶ岳鋼索線。ケーブルカーでは珍しいオールロングシートの車両だった

プリンスホテルが運行する駒ヶ岳ロープウェーは、2016年1月まで伊豆箱根鉄道の運営だった

第7部
伊豆の中小私鉄
伊豆急行
伊豆箱根鉄道駿豆線・十国鋼索線

三島駅で並ぶ、伊豆箱根鉄道駿豆線3000系と大雄山線5000系

伊豆急行

本社所在地：伊東市八幡野1151
設立：1959（昭和34）年4月11日
開業：1961（昭和36）年12月10日
線路諸元：軌間1067mm／直流1500V
路線：伊豆急行線／計45.7km（第一種鉄

道事業）
車両基地：伊豆高原車両区
車両数：69両

IIIIIIIIIIIIIIIIIIIIIIIIIIIIIIIIIIIIIIIIIIIIIIIIIII

● 会社概要

　伊豆急行は、伊豆半島東岸の伊東市と下田市を結ぶ東急グループの電化私鉄。開業時から、国鉄（当時）伊東線と直通運転を行っている。

　1953（昭和28）年に伊豆半島の観光開発構想を立ち上げた東京急行電鉄（現東急）は、56年に伊東〜下田間の鉄道敷設免許申請を行った。59年に免許が交付されると、伊東下田電気鉄道を創立し、60年1月に着工した。61年2月に社名を伊豆急行と改称、同年12月に全線を一気に開業した。全線単線

だが、国鉄所属電気機関車の運行可能なレベルの線路規格で建設され、実際、EF58やEF65牽引の臨時客車列車が直通した実績がある。

　開業当初から、国鉄所属車両を使用する準急が東京から直通し、現在はJR東日本所属車両を使用する特急が乗り入れる。一方、自社所属車両はJR東日本伊東線熱海まで直通する。以前は、普通列車でも国鉄（JR東海・東日本）所属車両が乗り入れていたが、現在は全普通列車を自社所属車両が担当する。

● 車両概要

　計画時には東急電鉄車両の譲渡も検討されたが、観光路線であり、国鉄に直通することから、自社発注車100系により開業した。国鉄伊東線は、普通列車でも一部を除いて1等車（現グリーン車）連結だったため、100系も1等車が新造され、86年まで伊豆急所属車の運用でもグリーン車連結が基本だった。また、私鉄では戦後初となる食堂車を1両導入するなど、意欲的な運営を行っていた。

　開業後数年間は、夏季繁忙期に東急電鉄向けの新車を借用し、秋になると東急に返還するケースもあったが、基本的に100系のみを保有運用していた。

同系の老朽化対策として、車体更新を行って1000系への改造を行ったが、この方針を変更して2100系「リゾート21」での置換を進めた。しかし、経済情勢の変化で「リゾート21」での置換を断念し、2000年からは200系（JR東日本より譲渡された113・115系を当線用に整備）により、100・1000系の淘汰を行った。

　さらに2005年から、東急電鉄8000系の譲渡を受け、200系を置き換えている。

▼ 伊豆急行2100系「リゾート21」

東海道本線に直通運転する2100系「THE ROYAL EXPRESS」

諸元 （リゾート21EX）最大長：先頭車20000mm、中間車20000mm ／最大幅：2900 ／最大高：4060mm ／車体：普通鋼車体／制御方式：抵抗制御／主電動機出力：120kW／制動方式：発電ブレーキ併用電磁直通空気ブレーキ、抑速ブレーキ／台車：軸ばね式空気ばね台車／座席：クロスシート／製造初年：1990年／製造所：東急車輛

　非冷房車のままで老朽化が進行していた100系を置き換えるために開発された電車。観光路線に相応しい車両として、普通列車用とは思えない座席配置を採用した。

　先頭車は運転席の頭越しに前面展望が眺望できる固定クロスシート、中間車は山側に1人掛け固定クロスシート、海側には4人掛けボックスシートと車外向きの3人掛け固定シートという構成で、眺望を重視したレイアウトとなった。

　第3編成までは一部機器を100系から流用したが、第4編成からは純粋な新製車両となり、車体構造や接客設備

が見直された。

　1990年に登場した第4編成「リゾート21EX」では、正面ガラスが2枚ガラスからヒートワイヤー内蔵の1枚ガラスになり、WCも1ヵ所/編成から3ヵ所/編成に増設された。海側の座席も一部変更され、4人掛けボックスシートが増えた。

　寝台車並みに天井を高くしたグリーン車「ロイヤルボックス」は、リクライニングシートを1-2列配置とし、トンネル通過時には天井に描かれた星空をブラックライトや光ファイバーなどで演出する。

　93年に登場した第5編成「アルファ・

リゾート21」は、山側の床が150㎜高くなったほか、２両は海側も全席４人掛けボックスシートとなった。

　2100系「リゾート21」は５編成が登場したが、第１・２編成はすでに廃車となり、第３編成は2017年２月より"地域プロモーション列車「リゾート21〜Izukyu KINME Train〜」"となり、定期普通列車で運用されている。「リゾート21EX」は"黒船電車"として、定期普通列車で運用されている。この２編成の運用予定は、伊豆急のホームページで確認できる。なお、ロイヤルボックスは通常は連結していない。

　「アルファ・リゾート21」は、"観光列車「THE ROYAL EXPRESS」"に改装され、2017年７月からツアー列車として運転される。なお、20年からは８〜９月に北海道で運転されている。

"黒船電車"に改装された現在の「リゾート21EX」

"キンメ電車"として運用される「リゾート21 〜 Izukyu KINME Train 〜」

海側の座席が外向きになっている「リゾート21」の車内

▼ 伊豆急行 8000系

伊豆稲取付近の海沿いを走る8000系

諸元 車体長：先頭車19500mm、中間車19500mm ／最大幅：2800mm ／最大高：4115mm ／車体：ステンレス車体／制御方式：界磁チョッパ制御／主電動機出力：130kW ／制動方式：回生ブレーキ付全電気指令式電磁直通空気ブレーキ／台車：軸ばね式空気ばね台車／座席：セミクロスシート／改造初年：2005年／改造所：東横車輛電設

　200系（元・JR東日本113・115系）の置換用として、東急電鉄8000系の譲渡を受け、伊豆急行線向けの改造を行った車両。同じ8000系だが、伊豆急行での車両番号と東急電鉄時代の車両番号は関連しない。

　Tcを電装したMcとMに運転台取付を行ったMcにより2両編成を組成、一方、4両編成にはWCを新設したMを組込んだ。これにより、需要に応じて2・4・6両編成で運用されたが、WCのない2両編成は苦情が多く、一部のTcにWCを新設して全車を3両編成に組み替えた。

　東急ではオールロングシートだった

が、観光路線である伊豆急行向けに海側になるシートをボックスシートのように向かい合わせに設置した（西武10000系が更新工事で交換した回転式リンクライニングシートを設置。ただし、リクライニング・回転機能は無効化）。

セミクロスシートに改装された8000系の車内

伊豆 伊豆急行

273

伊豆箱根鉄道駿豆線・十国鋼索線

本社所在地：三島市大場300
設立：1916（大正5）年12月7日
開業：1924（大正13）年8月1日
線路諸元：軌間1067・1435mm／直流
　　　1500V

路線：駿豆線（19.8km）、十国鋼索線（0.3
　　　km）／計20.1km（第一種鉄道事業）
車両基地：大場電車工場
車両数：34両

‖‖‖‖‖‖‖‖‖‖‖‖‖‖‖‖‖‖‖‖‖‖‖‖‖‖‖‖‖‖‖‖‖‖‖‖‖

● 会社概要 ……………

　伊豆箱根鉄道は、静岡県の駿豆線・十国鋼索線、神奈川県の大雄山線を運行する鉄道事業者（本社は静岡県三島市）。日本を代表する観光地である「伊豆・箱根地区」を主な営業エリアとし、運輸事業を中心として幅広く事業を展開しているため、営業エリア外の居住者も、鉄道・バス・索道・航路などの運輸事業や観光事業などで利用する機会が多い。

　駿豆線は、1898（明治31）年5月20日に豆相鉄道三島町（現三島田町）〜南条（現伊豆長岡）間が開業したことで始まった。同年6月15日に三島（現下土狩）〜三島町間が開業し、東海道本線（現御殿場線）と接続、99年7月17日に南条〜大仁間が開業したが、経営難に陥り、1907年に伊豆鉄道へ全事業・財産を譲渡した。さらに三島町〜沼津駅雨間の電気軌道（1906年開業）を運営していた駿豆電気鉄道が1912年に伊豆鉄道を買収した。16（大正5）年には富士水力電気が駿豆電気鉄道を買収したが、翌17年11月5日に鉄軌道事業を駿豆鉄道として独立した。伊豆箱根鉄道では、この日を創立記念日としている。

　19年5月25日に駿豆線全線が電化され、24年8月1日に大仁〜修善寺間が開業、34（昭和9）年12月1日の丹那トンネル開業に伴い東海道本線三島駅が移転したため、駿豆線も移転し、現在のルートになった。

　東海道本線との直通は、33年に鉄道省の客車が週末に修善寺まで乗り入れるかたちで開始された。戦時中は中断されたが、49年2月より土曜日に客車「湘南準急」の乗り入れが復活。50年からは80系電車を使用する準急が直通するようになり、59年9月に架線電圧を1500Vに昇圧している。直通列車は、64年から急行も加わり、81年には185系「踊り子」になった。

　十国峠鋼索線は、伊豆箱根鉄道が運営する私有有料道路「十国峠ドライブウェイ」（駿豆鉄道が32年に開業した十国自動車専用道路＝のちに静岡県が買収し静岡県道20号となった）沿道のドライブインにある十国峠登り口駅と十国峠駅を結ぶ鋼索鉄道（ケーブルカー）で、56年10月16日に開業した。国内の鋼索鉄道の多くが軌間1067mmを採用するが、戦時廃止となった妙見鋼索鉄道（現・能勢電鉄妙見ケーブル）上部線の資材を転用して建設したため、軌間1435mmとなっている。伊豆箱根鉄道は箱根駒ヶ岳で駒ヶ岳鋼索線を2005年まで運行していたが、こちらは軌間

1067㎜だった。ただし、両線とも日立製作所製の車両を使用しており、よく似た車体だった。

なお、巻上装置は84年に直流電動機に交換され、さらに2014年にはサイリスタインバータ制御に更新されている。

● 車両概要 ··

駿豆線の車両は、17m級国電払い下げ車や親会社の西武からの移籍車が主流の時代が長く続いたが、63〜71年に自社発注の20m車1000系が投入された。その後しばらくは、西武から譲渡された20m車で置き換えが進められたが、79年からは自社発注車での置き換えに移行した。2008年からは再び西武からの移籍車で車両更新を行っている。

また、大雄山線車両の入場検査を駿豆線大場工場で行っていることもあり、事業用として現役の電気機関車を保有している点も特筆に値する。

三島駅のJR連絡線を通過するED31

伊豆箱根鉄道 3000系

3000系第2編成

諸元

（第1〜第4編成）最大長：先頭車20000mm、中間車20000mm／最大幅：2900mm
／最大高：4246mm／車体：普通鋼車体／制御方式：抵抗制御／主電動機出力：
120kW／制動方式：電気ブレーキ併用電気指令式空気ブレーキ／台車：軸ばね式空気
ばね台車／座席：セミクロスシート／製造初年：1979年／製造所：東急車輛

3000系は、老朽化していた非冷房の17m級電車を置き換えるために1979年から導入が開始された3両編成の20m級電車。当線初のカルダン駆動車で、初の冷房車でもある。ベージュと赤色の「赤電塗装」をやめて、白地に青帯

軌道線電車色のリバイバルカラーとなった第1編成

の塗装に変更されている。

普通鋼車体の3扉車で、側窓は下段上昇上段下降の2段窓が採用された。座席は扉間がボックスシート、扉横と車端部がロングシートのセミクロスシートだが、第1編成の中間車は快速の指定席車に充当できるように、ボックスシートが転換クロスシートに交換された。

87年に増備された第5編成ではステンレス車体が採用され、側窓は1段下降式に変更された。97年に増備された第6編成は、スカートを装着するとともに、行先表示器をLED化するなどの改良された。

ステンレス車体になった第5編成

スカートを装着した第6編成

▼ 伊豆箱根鉄道 7000系

7000系第1編成

 諸元　最大長：先頭車20000mm、中間車20000mm／最大幅：2950mm／最大高：4086mm／車体：ステンレス車体／制御方式：抵抗制御／主電動機出力：120kW／制動方式：全電気指令式電空併用電磁直通空気ブレーキ／台車：緩衝ゴム式空気ばね台車／座席：転換クロスシート／製造初年：1991年／製造所：東急車輛

　7000系は、快速サービスの充実やJR東海への直通運転構想に対応するために開発された。ステンレス車体の

ラッピング車となっている7000系第2編成

オール転換クロスシート車（扉横と車端部は固定）で、側窓には2窓がペアとなったユニット窓（1段下降式）が採用された。側扉は、先頭車が3扉、快速運用時に指定席車となる中間車は2扉。

　1991年に登場したが、JR東海直通運転構想に進展がなかったことなどから、増備は92年で打ち切られ、3両編成2本の投入で終わった。

▼ 伊豆箱根鉄道 1300系

1300系の第2編成

諸元

最大長：先頭車20000mm、中間車20000mm ／ 最大幅：2850mm ／ 最大高：
4246mm ／車体：普通鋼車体／制御方式：抵抗制御／主電動機出力：150kW／制動方式：
発電ブレーキ併用電磁直通空気ブレーキ／台車：軸ばね式空気ばね台車／座席：ロン
グシート／入線年：2008年／製造所：東急車輌

　1300系 は、老 朽 化 し
た1100系（旧西武701系）
の置き換え用として西
武から譲渡された新101
系を改造した車両。当
線用の保安機器などの
搭載、塗装変更を受け、
2008年に運用に入っ
た。
　西武時代との違いで
目立つのは前頭部のス
カートだ。塗装は白地

西武色になった1300系第1編成

にライオンズブルーの太帯となったが、
1301編成は2016年から西武時代の黄色
塗装に復元されている。

▼ 伊豆箱根鉄道 ED31

大場工場に入場する大雄山線5000系を牽引するED31

諸元

軸配置：B-B ／最大長：11050mm ／最大幅：2940mm ／最大高：4250mm ／制御方式：抵抗制御／制動方式：SM空気ブレーキ／主電動機出力：128kW ／製造初年：1947年／製造所：東芝

ED31形は西武鉄道から譲渡された東芝製の40トン級戦時標準型電気機関車。他社にも同型機が存在した。

1949年に西武から借り入れて入線し、52・53年に正式に譲渡された。乗り入れた国鉄客車列車や貨物列車を牽引していたが、貨物列車廃止後は工事列車や大場工場の入換に使用された。台車や主電動機の交換が行われ、現在は台車がTR22、主電動機はMT-30である。

83年に「サロンエクスプレス東京」

の乗り入れに備え、重連総括制御に改造された。

以前はED33にATSを搭載していなかったため、単機では本線で走行できなかったが、現在は両機ともATSを搭載した。大雄山線の入場検査は駿豆線大場工場で行うため、三島～大場間を本機牽引で入場する。

▼ 伊豆箱根鉄道 十国鋼索線 1形

1号車「日金」

諸元 最大長：8472mm ／最大幅：2700mm ／最大高：3540mm ／車体：鋼製車体／製造初年：
1956年／製造所：日立

　十国鋼索線は、十国峠展望台へアクセスするケーブルカー。1956年開業時の車両が現在も使われている。塗装の変更は行われたが、車体はほぼ原型を保っている。

　「日金」の愛称が付けられている1号車、「十国」の愛称が付けられている2号車の塗装は、2018年7月にいわゆるライオンズカラーから現在の塗装に変更された。車両の愛称は、十国峠の別称である「日金山」から取られた。「十国」は、その山頂から相模・伊豆・駿河・遠江・甲斐・信濃・武蔵・上総・下総・安房の10ヵ国が見えると言われることにちなむ地名。

　鋼索鉄道の建設にあたり、妙見鋼索鉄道（現能勢電鉄）山上線の機材を転用したため、国内では珍しい標準軌の鋼索鉄道となった（妙見鋼索鉄道は戦時廃止された。戦後、山上線は特殊索道〔チェアリフト〕として復活した）。

2号車「十国」

鉄道車両メーカーの系譜4

● 日本車輌製造

　日本車輌製造は、1896年創業の鉄道車両メーカー。JR東海が過半数の株を保有し、同社の連結子会社としている。生産拠点は豊川製作所（愛知県豊川市）。甲種輸送での出場に使用する専用線は飯田線豊川駅に接続する。

　創業時、本社および工場は名古屋に置き、客貨車の製造を開始。徐々に電車、蒸気機関車と製造車種を増やし、1920年に東京所在の鉄道車両メーカー天野工場を買収して東京支店工場として製造拠点とした。

　34年に東京支店工場を川口市に移転し蕨【わらび】工場と改称。64年に豊川工場（現・豊川製作所）を開設する一方、蕨工場を72年、本社工場を83年に閉鎖し、車両製造を豊川製作所に集約した。2008年にJR東海と業務資本提携を締結、JR東海がTOBで過半数の株を入手した。

　全国各地に製造車両が納車されているが、実績を見ると国鉄と名鉄、首都圏の大手私鉄が多い。現在も同じ傾向が見られるが、次第にJR東海の新幹線車両製造が増加している。

初代「のぞみ」用300系をはじめJR東海の新幹線電車の実績も多い

写真のモオカ14など第3セクター向けディーゼルカーの実績もある

● 日立製作所

　日立製作所は、久原房之助が経営していた久原鉱業所日立鉱山（茨城県）が1910年に設立した鉱山用電気機械の修理工場を発端とする。11年には精錬所溶鉱炉鉱石投入用1.5トン電気機関車を自力製作し、20年に日立製作所として独立した。

　一方、久原の経営する日本汽船笠戸造船所（山口県）は蒸気機関車製造に進出し、20年に第1号となる佐世保海軍工廠向けの12トンタンク機関車を納入している。

　21年に笠戸造船所が日立製作所に譲渡され、笠戸工場（現・笠戸事業所）となった。

　同社の鉄道車両製造は主に笠戸工場で行われたが、電気機関車の製造は水戸工場でも行われた。常磐線勝田駅で接続する専用線もあったが、現在は機関車製造から撤退している。

　一方、笠戸事業所では高速鉄道用車両やトラム（路面電車）、モノレールも製造している。甲種輸送での出場は山陽本線下松駅に接続する専用線で行う。

とくにアルミ車体に注力し、A-train（次世代アルミニウム合金車両システム）を開発したことで知られる。アルミ車体を採用する形式を中心にJR各社や全国の私鉄に納入実績があり、最近のJR東日本では新幹線電車や在来線特急電車が、首都圏の大手私鉄では東京メトロ、西武鉄道、相模鉄道などの製造が多い。

日立は各社の新幹線電車の開発に関与している

軽量のアルミ車体を高く評価した相模鉄道は日立製電車が多い

モノレールでは日立が跨座式の実用化に取り組んだ

●三菱重工エンジニアリング（三菱重工業）

三菱重工業は、船舶・航空機・エネルギ関連機器などさまざまな分野の製品を手がける総合重工メーカーだ。三菱グループの創業者・岩崎弥太郎が、1884年に明治政府から工部省長崎造船局を借り受け、長崎造船所と改称したことで三菱重工業の歴史

が始まった。

鉄道車両製造への進出は、1910年に鉄道院の客車や土佐電気鉄道の路面電車を受注したことで始まり、20年には三菱造船神戸造船所が三菱鉱業美唄鉄道に鉄道省4110形の同型機を納入した。43年に機関

現在のゆりかもめは全車三菱重工・三菱重工エンジニアリング製になった

三菱重工・近畿車輛・東洋電機と広島電鉄の4社で超低床電車の共同開発を行っている

車と鉄道車両用エアブレーキの専門工場として三原製作所（広島県）が発足している。

同社の特徴として、国鉄向けの実績は戦災復旧客車などを除くと機関車と貨車のみで、国内私鉄向けも一般的な旅客車の実績はほとんどない。新幹線車両にも関わっておらず、JR東海が開発を進めるリニア中央新幹線用リニアモーターカー試験車両の開発には参加していたものの、2017年に離脱した。

一方、モノレール・AGT、超低床式LRV（路面電車）は輸出用も含め力を入れている。

同社交通システム事業は、2018年に化学プラント事業などとともに三菱重工エンジニアリングとして分社化された。

国内の主要鉄道車両メーカーは以上になる。以前は、西武鉄道が基本的に自社工場で製造を行っており、中小私鉄の車両を製造する事もあり西武の特徴であったが、現在は行っていない。ただ現在でも、車両の改造や整備を主要事業とする企業の中には、鋼索鉄道用車両などを行う京王重機整備や大阪車輌工業などがある。

川崎車両から出荷される新幹線電車。甲種輸送ができない新幹線車両を長距離輸送する場合、船で運ぶことが多く、車両メーカーに近い港まで陸送するのが通例。しかし川崎車両の場合、工場内に岸壁があるため、車両は最寄り港まで陸送する代わりに艀（はしけ）に積んで出荷され、神戸港で貨物船に積み替えられる。直接貨物船に積めば合理的だが、川車の岸壁は運河に面していて橋をくぐらなければならず、貨物船が接岸できない。このため、写真のように艀を使って出荷される

参考文献

- 月刊『鉄道ピクトリアル』各号、電気車研究会
- 月刊『鉄道ファン』各号、交友社
- 月刊『とれいん』各号、エリエイ
- 月刊『鉄道ジャーナル』各号、鉄道ジャーナル社
- 月刊『Rail Magazine』各号、ネコパブリッシング
- 月刊『鉄道ダイヤ情報』各号、交通新聞社
- 月刊『JTB時刻表』各号、JTBパブリッシング
- 『JR電車編成表』各年版、交通新聞社
- 『JR気動車客車編成表』各年版、交通新聞社
- 『私鉄車両編成表』各年版、交通新聞社
- 『列車編成席番表』各年版、交通新聞社
- 『数字でみる鉄道』各年度版、運輸総合研究所
- 『JR機関車年鑑 2021-2022』イカロス出版
- 『JR特急列車年鑑 2021』イカロス出版
- 『JR普通列車年鑑 2021-2022』イカロス出版
- 『首都圏新系列電車 2021-2022』イカロス出版
- 『JR全車輌ハンドブック 2007』ネコパブリッシング
- 『別冊ベストカー The モノレール』講談社
- 『首都圏鉄道大百科』KADOKAWA
- 『日本鉄道旅行地図帳』3・4・7号、今尾恵介監修、新潮社
- 『私鉄電気機関車ガイドブック 東日本編』杉田肇著、誠文堂新光社
- 『ローカル私鉄車輌20年 東日本編』寺田裕一著、JTBパブリッシング
- 『ローカル私鉄車輌20年 西日本編』寺田裕一著、JTBパブリッシング
- 『日本の路面電車Ⅰ 現役路線編』原口隆行著、JTBパブリッシング
- 『鉄道ファンのための私鉄史研究資料』和久田康雄著、電気車研究会

鉄道事業者各社ホームページ

写真協力：株式会社エリエイ　撮影：前里孝

箱根登山鉄道大平台の朝

著者紹介……………………………………………………………………………………

来住憲司（きし けんじ）

1961年東京都生まれ。明石市在住。父の転勤に伴い、幼少期より西日本各地を転々とするなかで鉄道趣味に傾倒。リゾート関係の索道関連業務を経験、PC関係の業務を経て、鉄道ライターとして独立。Webライターやデジタルコンテンツ制作業務も務めた。著書『通勤電車マル得読本 首都圏編』（共著、トラベルジャーナル）、『京都鉄道博物館ガイド』『関西の鉄道車両図鑑』『「見る鉄」のススメ 関西の鉄道名所ガイド』（いずれも単著、創元社）、『東京の地下鉄相互直通ガイド』（所澤秀樹氏との共著、創元社）、『鉄道手帳』（2022年版から監修、創元社）、『全国駅名事典』（星野真太郎著、編集協力、創元社）ほか、鉄道雑誌への寄稿も手がける。

車両の見分け方がわかる！

関東の鉄道車両図鑑①

JR／群馬・栃木・茨城・埼玉・千葉・神奈川・伊豆の中小私鉄

2021年12月20日　第1版第1刷発行

著者……………… 来 住 憲 司

発行者……………… 矢 部 敬 一

発行所………………

株式会社 創 元 社

http://www.sogensha.co.jp/
本社 〒541-0047 大阪市中央区淡路町4-3-6
Tel.06-6231-9010 Fax.06-6233-3111
東京支店 〒101-0051 千代田区神田神保町1-2 田辺ビル
Tel.03-6811-0662

印刷所………………

図書印刷株式会社

© 2021 Kenji Kishi, Printed in Japan
ISBN978-4-422-24104-3

装丁 濱崎実幸　図版制作 河本佳樹

本書の感想をお寄せください

投稿フォームはこちらから ▶ ▶ ▶

＊価格には消費税は含まれていません。